房屋建筑构造

主　编　于颖颖　肖明和

副主编　孙　敏　王婷婷　王珲玲

参　编　陈为国　张晓云　侍炜森

北京理工大学出版社
BEIJING INSTITUTE OF TECHNOLOGY PRESS

内 容 提 要

本书以民用建筑主要构件为教学内容,结合现行规范、规程和工艺标准按模块进行编写。全书共分为8个模块,主要内容包括:建筑构造基本知识、基础与地下室、墙体、楼地面、楼梯与电梯、屋面、门窗、变形缝等。

本书可作为高等院校建筑工程类相关专业的教材,也可供建筑工程施工现场相关技术和管理人员工作时参考使用。

图书在版编目（CIP）数据

房屋建筑构造 / 于颖颖,肖明和主编. --北京:
北京理工大学出版社,2024.2
ISBN 978-7-5763-3559-0

Ⅰ.①房… Ⅱ.①于… ②肖… Ⅲ.①建筑构造—高
等职业教育—教材 Ⅳ.①TU22

中国国家版本馆CIP数据核字（2024）第045458号

责任编辑:江　立　　　　　文案编辑:江　立
责任校对:周瑞红　　　　　责任印制:王美丽

出版发行 / 北京理工大学出版社有限责任公司
社　　　址 / 北京市丰台区四合庄路6号
邮　　　编 / 100070
电　　　话 / (010) 68914026 (教材售后服务热线)
　　　　　　(010) 68944437 (课件资源服务热线)
网　　　址 / http://www.bitpress.com.cn

版 印 次 / 2024 年 2 月第 1 版第 1 次印刷
印　　　刷 / 河北鑫彩博图印刷有限公司
开　　　本 / 787 mm × 1092 mm　1/16
印　　　张 / 14.5
字　　　数 / 342 千字
定　　　价 / 89.00 元

FOREWORD 前言

　　"房屋建筑构造"课程是高等院校土建类专业基础课程。教材根据"房屋建筑构造"课程标准编写，以民用建筑主要构件为教学内容，较系统、全面地讲述了基础、墙体、楼地面、楼梯与电梯、屋面、门窗和变形缝七大建筑构件的构造组成、构造原理及构造方法。本教材以"三教"改革为指导思想，以"教学做一体化"为设计思路，结合模块化教学模式，采用任务导学方式，构建成八模块、四栏目的组织形式，以期能够通过教材改革服务"房屋建筑构造"课程教学改革。

　　本书对接新工艺、新标准和新规范。"十四五"以来，建筑行业标准规范进行了大面积的修订和更新。在编写过程中，编者查阅了大量规范标准和技术文献资料，严格按照新规范、新标准编写教学内容，努力做到与行业发展的紧密对接，保证内容的标准化、规范化和先进性。

　　本书以党的二十大精神为指引，从工匠精神、文化自信、职业道德、绿色建筑、生态环保、安全生产、标准化生产、科技进步等多角度挖掘课程思政题材，以二维码形式呈现课程思政内容。科学合理拓展专业课程的广度、深度，从课程所涉专业技术、行业发展、家国情怀、文化历史等角度，增加课程的知识性、人文性，提升引领性、时代性和开放性。

　　本书由济南工程职业技术学院于颖颖、肖明和担任主编，由济南工程职业技术学院孙敏、王婷婷、王珲玲担任副主编，济南工程职业技术学院陈为国、张晓云和山东淄建集团侍炜森参与编写。具体编写分工为：于颖颖编写模块 3、模块 4、模块 6，肖明和编写模块 1 和教材审核，孙敏编写模块 7 和负责思政内容设计，王婷婷编写模块 5、模块 8，王珲玲编写模块 2，陈为国、张晓云、侍炜森为教材提供了大量技术资料并为教材建设提出诸多宝贵建议，在此表示感谢。本书在编写过程中参考和借鉴了国内外同类教材、国家现行规范标准和相关资料，在此一并致以衷心的感谢！

由于编者水平有限，书中难免有不足和疏漏之处，恳请广大读者批评指正。

编　者

CONTENTS 目录

CONTENTS

CONTENTS

模块 1 建筑构造基本知识

引导页

知识目标	1. 了解建筑构成要素。 2. 掌握民用建筑的基本构成。 3. 掌握建筑的分类和分级。 4. 掌握建筑模数的含义和应用。 5. 掌握定位轴线的标注规则。
技能目标	1. 能够理解功能、技术、形象三要素对建筑的影响。 2. 能够熟悉建筑物的各组成部分，明确各部分的作用和特性。 3. 能够按照功能、高度、材料等方式，分别判断建筑物的类型、等级。 4. 能够理解构造尺寸设计的规律。 5. 能够正确识读并标注定位轴线和尺寸。
素质目标	1. 认识我国建筑发展历史，培养文化自信。 2. 了解我国典型建筑案例，培养技术自信。 3. 培养绿色、环保、低碳、节能意识。 4. 建立标准化观念。

学习要点

建筑是建筑物与构筑物的总称。构成建筑的基本要素是建筑功能、建筑技术和建筑形象。

建筑可以按使用功能、建筑高度或层数、承重结构的材料和规模等方式进行分类。民用建筑可以按建筑物的使用年限、防火性能等方式划分等级。

民用建筑通常是由基础、墙体、柱、楼（地）层、楼梯、屋顶、门窗等主要部分组成的。

建筑模数是选定的标准尺度单位，可分为基本模数和导出模数。定位轴线是确定建筑构配件位置及相互关系的基准线，可分为水平定位尺寸和竖向定位尺寸。

参考资料

《民用建筑设计统一标准》（GB 50352—2019）。

《民用建筑通用规范》(GB 55031—2022)。

《建筑设计防火规范(2018年版)》(GB 50016—2014)。

《建筑防火通用规范》(GB 55037—2022)。

《房屋建筑制图统一标准》(GB/T 50001—2017)。

《建筑制图标准》(GB/T 50104—2010)。

《建筑模数协调标准》(GB/T 50002—2013)。

《建筑结构可靠性设计统一标准》(GB 50068—2018)。

👉 工作页

图 1.1 所示为某中学教学楼平面图,该教学楼为五层,采用砖墙承重,外墙厚为 370 mm,内墙厚为 240 mm,变形缝宽为 30 mm,结合图纸,完成以下任务:

1. 根据不同分类方式,确定该建筑类型。

按使用功能分,属于_____;

按层数分,属于_____;

按承重结构材料分,属于_____。

2. 观察轴网尺寸,该建筑主要采用的建筑模数是_____,属于(基本模数、扩大模数、分数模数)(在正确选项上打√)。

3. 按照制图规则,对图中纵横向定位轴线进行编号。

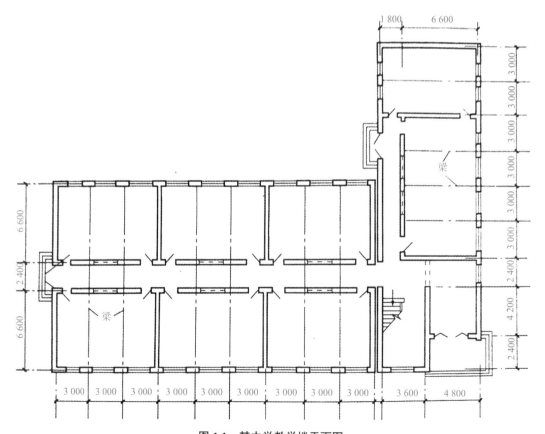

图 1.1　某中学教学楼平面图

建筑是建筑物与构筑物的总称。建筑物是用建筑材料构筑的空间和实体，供人们居住和进行各种活动的场所，如住宅、学校、办公楼、影剧院、体育馆、工厂的车间等。构筑物是指为某种使用目的而建造的、人们一般不直接在其内部进行生产和生活活动的工程实体或附属建筑设施的建筑，如水塔、烟囱、堤坝等。本书所讲的"房屋"就是上面所说的建筑物。

1.1　建筑构成的基本要素

构成建筑的基本要素是建筑功能、建筑技术和建筑形象，应符合适用、经济、绿色、美观的建筑方针，并应满足安全、卫生、健康、舒适等基本要求。

1.1.1　建筑功能

建筑是供人们生活、学习、工作、娱乐的场所，不同的建筑具有不同的使用要求。例如，住宅建筑应满足人们的居住需要，影剧院要求有良好的视听效果，火车站要求人流线路流畅，工业建筑则要求符合产品的生产工艺流程等。建筑不仅要满足各自的使用功能要求，而且还要为人们创造一个舒适的卫生环境，满足人们生理要求的功能。因此，建筑应具有良好的朝向、保温、隔热、隔声、防潮、防水、采光、通风等性能。

◎ 知识链接

人类对建筑功能的追求不断推动着建筑的发展。中国古代建筑具有悠久的历史传统和光辉的成就，从最早期作为栖身之地的洞穴，到可以遮风挡雨的木架草泥半穴居，又到避水患兽害的干栏式建筑，再到宏伟高大的殿堂庙宇。这不仅是科学技术的发展，也是文化艺术的发展。

中国古建筑的
发展 .PPT

1.1.2　建筑技术

建筑技术是建造房屋的手段，包括建筑材料、建筑结构、建筑施工、建筑设备（水、电、通风、空调、消防等设备）等。建筑材料是物质基础，建筑结构是建筑空间的骨架，建筑施工是建筑物得以实现的重要手段，建筑设备是改善建筑环境的技术条件。随着科学技术的发展进步，建筑技术水平会不断提高，从而满足人们对建筑功能和建筑形象的更高要求。

◎ 知识链接

绿色节能是对现代建筑提出的新的技术要求。党的二十大报告指出"推动绿色发展，促进人与自然和谐共生""协同推进降碳、减污、扩绿、增长，推进生态优先、节约集约、绿色低碳发展"。

北京大兴国际
机场——低碳
节能 .PPT

1.1.3　建筑形象

建筑形象是指建筑的艺术形象，是通过建筑的体型和立面构图、内外部空间组合、材料的色彩和质感、细部的处理和重点刻画，以及与周围环境的协调来体现的。对建筑形象，不同的时代、不同的地域、不同的人群可能有不同的理解，建筑形象处理得当，就能产生较好的艺术效果，给人以美的享受。

五棵松冰上运动中心——超低能耗冰凌花.PPT

建筑功能、建筑技术、建筑形象三要素是相互制约、互不可分的。建筑功能通常起主导作用；建筑技术是实现建筑的手段，它制约着建筑功能和建筑形象的实现；建筑形象是建筑功能与建筑技术的综合表现。对某些有象征性、纪念性或标志性的建筑，建筑形象起主导作用，是构成建筑的主要因素。

1.2　建筑的分类和等级

建筑可按不同的方式进行分类和分级。

1.2.1　按建筑的使用功能进行分类

1. 民用建筑

民用建筑是供人们居住和进行公共活动的建筑的总称。民用建筑按使用功能可分为居住建筑和公共建筑两大类。

（1）居住建筑：供人们生活起居用的建筑物，可分为住宅建筑和宿舍建筑，如住宅、公寓、宿舍等。

（2）公共建筑：供人们进行各种社会活动的建筑物（图1.2）。根据使用功能特点又可分为以下几项：

① 行政办公建筑：如写字楼、办公楼等；

② 文教建筑：如学校、图书馆等；

③ 医疗建筑：如门诊楼、医院、疗养院等；

④ 托幼建筑：如幼儿园、托儿所等；

⑤ 商业建筑：如商场、商店等；

⑥ 体育建筑：如体育馆、游泳池、体育场等；

⑦ 交通建筑：如车站、航空港、地铁站等；

⑧ 通信建筑：如广播电视台、电视塔、电信楼、邮电局等；

⑨ 旅馆建筑：如宾馆、旅馆、招待所等；

⑩ 展览建筑：如博物馆、展览馆等；

⑪ 观演建筑：如剧院、电影院、杂技场、音乐厅等；

⑫ 园林建筑：如动物园、公园、植物园等；

⑬ 纪念建筑：如纪念碑、纪念堂、陵园等。

2. 工业建筑

工业建筑是供人们进行工业生产活动的建筑（图1.3）。工业建筑包括生产用建筑及辅助生产、动力、运输、仓储用的建筑，如机械加工车间、锅炉房、车库、仓库等。

图 1.2　公共建筑
（a）歌剧院；（b）教学楼；（c）园林建筑；（d）博物馆；（e）电视台；（f）火车站

图 1.3　工业建筑（厂房）

3. 农业建筑

农业建筑是供人们进行农牧业的种植、养殖、贮存等用途的建筑。如温室、畜禽饲养场、农产品仓库等。

1.2.2　按建筑高度或层数进行分类

《民用建筑通用规范》（GB 55031—2022）对建筑高度的规定如下：

（1）平屋顶建筑高度应按室外设计地坪至建筑物女儿墙顶点的高度计算，无女儿墙的建筑应按至其屋面檐口顶点的高度计算。

（2）坡屋顶建筑高度应分别计算檐口及屋脊高度，檐口高度应按室外设计地坪至屋面檐口或坡屋面最低点的高度计算，屋脊高度应按室外设计地坪至屋脊的高度计算。

（3）当同一座建筑有多种屋面形式，或多个室外设计地坪时，建筑高度应分别计算后取其中最大值。

按照《民用建筑设计统一标准》（GB 50352—2019），民用建筑按地上建筑高度或层数进行分类：

（1）低层或多层民用建筑：建筑高度不大于 27.0 m 的住宅建筑，建筑高度不大于 24.0 m 的公共建筑及建筑高度大于 24.0 m 的单层公共建筑。

（2）高层民用建筑：建筑高度大于 27.0 m 的住宅建筑和建筑高度大于 24.0 m 的非单层公共建筑，且高度不大于 100.0 m。

（2）超高层建筑：建筑高度大于 100.0 m 的建筑。

根据《建筑设计防火规范（2018 年版）》（GB 50016—2014），高层民用建筑根据其建筑高度、使用功能和楼层的建筑面积又可分为一类和二类，分类见表 1.1。

表 1.1　民用建筑的分类

名称	高层民用建筑		单、多层民用建筑
	一类	二类	
住宅建筑	建筑高度大于 54 m 的住宅建筑（包括设置商业服务网点的住宅建筑）	建筑高度大于 27 m，但不大于 54 m 的住宅建筑（包括设置商业服务网点的住宅建筑）	建筑高度不大于 27 m 的住宅建筑（包括设置商业服务网点的住宅建筑）
公共建筑	1. 建筑高度大于 50 m 的公共建筑。 2. 建筑高度 24 m 以上部分任一楼层建筑面积大于 1 000 m² 的商店、展览、电信、邮政、财贸金融建筑和其他多种功能组合的建筑。 3. 医疗建筑、重要公共建筑、独立建造的老年人照料设施。 4. 省级及以上的广播电视和防灾指挥调度建筑、网局级和省级电力调度建筑。 5. 藏书超过 100 万册的图书馆、书库	除一类高层公共建筑外的其他高层公共建筑	1. 建筑高度大于 24 m 的单层公共建筑。 2. 建筑高度不大于 24 m 的其他公共建筑

注：1. 表中未列入的建筑，其类别应根据本表类比确定。

　　2. 除《建筑设计防火规范（2018 年版）》（GB 50016—2014）另有规定外，宿舍、公寓等非住宅类居住建筑的防火要求，应符合规范及有关公共建筑的规定。

　　3. 除《建筑设计防火规范（2018 年版）》（GB 50016—2014）另有规定外，裙房的防火要求应符合规范及有关高层民用建筑的规定。

1.2.3 按承重结构的材料进行分类

（1）砖木结构建筑（图1.4）：砖（石）砌墙体、木楼板、木屋顶的建筑。

（2）砖混结构建筑（图1.5）：用砖（石、砌块）砌墙体、钢筋混凝土楼板及屋顶的建筑。

（3）钢筋混凝土结构建筑（图1.6）：钢筋混凝土柱、梁、板承重的建筑。

（4）钢结构建筑（图1.7）：主要承重结构全部采用钢材的建筑。

（5）其他结构建筑：生土建筑、充气建筑、塑料建筑等。

钢结构房屋.MP4

生土建筑.PPT

图1.4　砖木结构

图1.5　砖混结构

图1.6　钢筋混凝土结构

图1.7　钢结构

1.2.4 按建筑物的规模分类

（1）大型性建筑：单体建筑规模大、影响大、投资大的建筑，如大型体育馆、机场候机楼、火车站、航空港等。

⊙ 知识链接

北京大兴国际机场是大型性建筑的典型代表。它是目前全球最大的机场，是建设速度最快的机场，也是建设难度极高的机场。机场航站楼形如展翅的凤凰，立体化设计保证功能区的合理完整，满足7 200万人次的年旅客吞吐量，"双层出发车道边"设计节能集约，五座"空中花园"彰显中国传统文化。北京大兴国际机场的设计与建设集功能、形象、文化、技术于一身，成为国内新的标志性建筑。

北京大兴国际机场
大型性建筑.PPT

（2）大量性建筑：单体建筑规模不大，但建造数量多的建筑，如住宅、学校、中小型办公楼、商店等。

1.2.5 按房屋建筑的结构设计工作年限分类

根据《工程结构通用规范》（GB 55001—2021），房屋建筑按结构设计工作年限划分为三类，见表 1.2。

港珠澳大桥——
设计使用年限
120 年 .PPT

表 1.2　房屋建筑的结构设计工作年限分类表

设计工作年限 / 年	类别
5	临时性建筑结构
50	普通房屋和构筑物
100	特别重要的建筑结构

1.2.6 按建筑物的防火性能分级

按照《建筑设计防火规范（2018 年版)》(GB 50016—2014)，根据建筑构件的燃烧性能和耐火极限将建筑物的耐火等级分为一、二、三、四级。不同耐火等级建筑相应构件的燃烧性能和耐火极限见表 1.3。

表 1.3　不同耐火等级建筑相应构件的燃烧性能和耐火极限　　　　　　　　　h

构件名称		耐火等级			
		一级	二级	三级	四级
墙	防火墙	不燃性 3.00	不燃性 3.00	不燃性 3.00	不燃性 3.00
	承重墙	不燃性 3.00	不燃性 2.50	不燃性 2.00	难燃性 0.50
	非承重墙	不燃性 1.00	不燃性 1.00	不燃性 0.50	可燃性
	楼梯间和前室的墙 电梯井的墙	不燃性 2.00	不燃性 2.00	不燃性 1.50	难燃性 0.50
	疏散走道两侧的隔墙	不燃性 1.00	不燃性 1.00	不燃性 0.50	难燃性 0.25
	非承重外墙房间隔墙	不燃性 0.75	不燃性 0.50	难燃性 0.50	难燃性 0.25
柱		不燃性 3.00	不燃性 2.50	不燃性 2.00	难燃性 0.50
梁		不燃性 2.00	不燃性 1.50	不燃性 1.00	难燃性 0.50
楼板		不燃性 1.50	不燃性 1.00	不燃性 0.50	可燃性
屋顶承重构件		不燃性 1.50	不燃性 1.00	可燃性 0.5	可燃性
疏散楼梯		不燃性 1.50	不燃性 1.00	不燃性 0.5	可燃性
吊顶（包括吊顶搁栅）		不燃性 0.25	难燃性 0.25	难燃性 0.15	可燃性

《建筑防火通用规范》（GB 55037—2022）中还规定：建筑高度大于 100 m 的工业与民用建筑楼板的耐火极限不应低于 2.00 h。

《建筑防火通用规范》（GB 55037—2022）规定,民用建筑结构耐火等级应满足以下要求:

（1）耐火等级应为一级的民用建筑包括:

① 一类高层民用建筑;

② 二层和二层半式、多层式民用机场航站楼;

③ A 类广播电影电视建筑;

④ 四级生物安全实验室。

（2）耐火等级不应低于二级的民用建筑包括:

① 二类高层民用建筑;

② 一层和一层半式民用机场航站楼;

③ 总建筑面积大于 1 500 m² 的单、多层人员密集场所;

④ B 类广播电影电视建筑;

⑤ 一级普通消防站、二级普通消防站、特勤消防站、战勤保障消防站;

⑥ 设置洁净手术部的建筑,三级生物安全实验室;

⑦ 用于灾时避难的建筑。

（3）耐火等级不应低于三级的民用建筑包括:

① 城市和镇中心区内的民用建筑;

② 老年人照料设施、教学建筑、医疗建筑。

另外,地下、半地下建筑（室）的耐火等级应为一级。

燃烧性能是指建筑结构材料在明火或高温情况下，能否燃烧及燃烧的难易程度。建筑结构材料按照燃烧性能可分为不燃烧材料、难燃烧材料和燃烧材料。

（1）不燃烧材料。不燃烧材料是在空气中受到火烧或高温作用时不起火、不微燃、不炭化的材料，如砖石材料、钢筋混凝土、金属等。

（2）难燃烧材料。难燃烧材料在空气中受到火烧或高温作用时难起火、难微燃、难炭化，当火源移走后燃烧或微燃立即停止，如石膏板、水泥石棉板、板条抹灰等。

（3）燃烧材料。燃烧材料在空气中受到火烧或高温作用时立即起火或燃烧，且火源移走后继续燃烧或微燃，如木材、纤维板、胶合板等。

耐火极限是指在标准耐火试验条件下，建筑构件、配件或结构从受到火的作用时起，至失去承载能力、完整性或隔热性时止所用时间，用小时表示。

按照《建筑材料及制品燃烧性能分级》（GB 8624—2012）规定，建筑材料及制品的燃烧性能等级划分见表1.4。

表 1.4　建筑材料及制品的燃烧性能等级

燃烧性能等级	名称
A	不燃材料（制品）

燃烧性能等级	名称
B_1	难燃材料（制品）
B_2	可燃材料（制品）
B_3	易燃材料（制品）

1.3 民用建筑构造与建设要求

1.3.1 民用建筑构造组成

民用建筑通常是由基础、墙体（柱）、楼（地）面、楼梯、屋面、门窗等主要部分组成的（图 1.8）。

建筑构造组成 .MP4

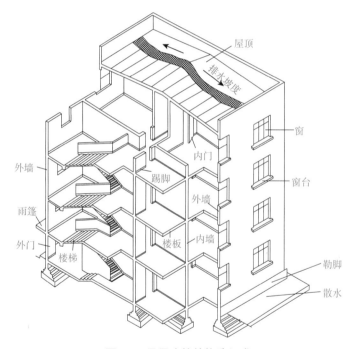

图 1.8 民用建筑的构造组成

1. 基础

基础是建筑物最下部的承重构件，承担着建筑物的全部荷载，并将这些荷载有效地传递给地基。基础必须具有足够的强度、刚度和稳定性，并能抵抗地下各种不良因素的影响。

2. 墙体或柱

墙体是建筑物的承重和围护构件。作为承重构件，墙体承担屋顶、楼板层和楼梯等构件传来的荷载，并将它们传递给基础；作为围护构件，墙体又分为外墙和内墙，它们分别起着抵御自然界各种外来因素对室内侵袭和分隔房间的作用。因此，墙体应具有足够的强度、稳定性及保温、隔热、隔声、防火、防水、耐久等性能。

柱子可替代墙体承受建筑物上部构件传来的荷载，除不具备围护和分隔的作用外，其他要求与墙体类似。

3. 楼（地）面

楼面是建筑物中水平方向的承重构件，承受人体、家具、设备及自身的荷载，并将这些荷载传递给墙或柱；同时，对墙体或柱子起水平支撑的作用。楼面应具有足够的抗弯强度和刚度，并应具备一定的防火、防水、隔声的性能。

地面也称地坪，是建筑底层房间与下部土层的分隔构件，承担着底层房间地面的荷载。由于地坪下面往往是夯实的土壤，所以强度要求比楼板低，但仍然要具有一定的承载能力和防潮、防水、保温的性能。

4. 楼梯

楼梯是建筑中联系上下各层的垂直交通设施，供人们上下楼层和紧急疏散之用。在数量、位置、宽度、坡度、细部构造及防火性能等方面均应满足通行能力的要求。

5. 屋面

屋面是建筑顶部的承重和围护构件。承受风、雨、施工及检修的荷载，荷载传递给墙或柱；同时，抵抗外界的侵袭和太阳辐射。因而，屋面应具有足够的强度、刚度及防水、保温、隔热等性能。

6. 门和窗

门和窗属于非承重构件。门可供人们内外交通及搬运家具设备之用，同时，还兼有分隔房间的作用。窗主要起采光和通风作用，同时，也是围护结构的一部分。门窗应具有保温、隔声、防火的能力。

一幢建筑物除上述六大基本组成部分外，对不同使用功能的建筑物，还有许多特有的构件和配件，如阳台、雨篷、台阶、抽气孔、排烟道等。

1.3.2 民用建筑建设要求

根据《民用建筑通用规范》（GB 55031—2022）的规定，民用建筑的建设和使用维护应遵循下列基本原则：

（1）应按照可持续发展的原则，正确处理人、建筑与环境的相互关系，营建与使用功能匹配的合理空间；

（2）应贯彻节能、节地、节水、节材、保护环境的政策要求；

（3）应与所处环境协调，体现时代特色、地域文化。

民用建筑建设在功能方面，应遵循安全、卫生、健康、舒适的原则，为人们的生活、工作、交流等社会活动提供合理的使用空间，使用空间应满足人体工学的基本尺度要求。在措施方面，应综合采取防火、抗震、防洪、防空、抗风雪及防雷击等防灾安全措施。

首钢滑雪
大跳台——创新、
可持续发展.PPT

1.4　建筑模数和定位轴线

1.4.1　建筑模数

为推进房屋建筑工业化，实现建筑或部件的尺寸和安装位置的模数协调，我国制定了《建筑模数协调标准》（GB/T 50002—2013）。

1. 模数的概念

建筑模数是选定的标准尺度单位，作为建筑物、建筑构配件、建筑制品，以及有关设备尺寸相互协调中的增值单位。

模数是一个尺度的组群，它包括基本模数和导出模数。

（1）基本模数。基本模数是模数协调中选用的基本单位，其数值为100 mm，符号为M（1M = 100 mm）。整个建筑物和建筑物的一部分及建筑部件的模数化尺寸，应是基本模数的倍数。

（2）导出模数。由于建筑中需要用模数协调的各部位尺度相差较大，仅仅依靠基本模数就不能满足尺度的协调要求，因此在基本模数的基础上又发展了相互之间存在内在联系的导出模数。导出模数又可分为扩大模数和分模数。

① 扩大模数。扩大模数是基本模数的整数倍，有水平扩大模数和竖向扩大模数。为了减少类型、统一规格，水平扩大模数按3M（300 mm）、6M（600 mm）、12M（1 200 mm）、15M（1 500 mm）、30M（3 000 mm）、60M（6 000 mm）取用。竖向扩大模数按3M（300 mm）、6M（600 mm）取用。

② 分模数。分模数是基本模数的分倍数。为了满足较小尺寸的需要，分模数按$\frac{1}{2}$M（50 mm）、$\frac{1}{5}$M（20 mm）、$\frac{1}{10}$M（10 mm）取用。

2. 模数的应用

将基本模数、扩大模数和分模数按从大到小顺序排列，就可以得到一个模数数列。它可以保证各类建筑及其组成部分间尺度的统一协调，减少建筑尺寸的种类，并确保尺寸具有合理的灵活性。建筑物的所有尺寸除特殊情况外，均应满足模数的要求。

◎ 知识链接

模数制在中国古代建筑建造中就已存在，具有高效率、低成本的优点。现代装配式建筑通过模数化构建标准化，以标准化推动工业化，以工业化促进产业化，加快产业结构优化调整，建设制造强国、质量强国。

建筑模数——
标准化、工业化、
产业化 .PPT

1.4.2　定位轴线

定位轴线是确定建筑构配件位置及相互关系的基准线，也是建筑工程图纸重要的组成部分和施工的重要依据。

由于建筑是具有三维空间的立体形式，因此建筑需要在水平和竖向两个方向进行定位。建筑水平方向的定位用定位轴线来限定，竖向定位通过标高限定。由于建筑在平面的变化要远多于在竖向的变化，设计和施工也是从平面开始着手，因此平面定位轴线在建筑定位中的作用更为重要。

1. 水平定位轴线

不同结构形式建筑平面定位轴线的划定方式有所不同，单层工业厂房还有自己特殊的规定，但总的来说，定位轴线的确定至少要满足以下目的：

（1）为建筑的竖向构件（墙体、柱子），特别是承重构件（承重墙、柱子）定位；

（2）定位轴线与竖向承重构件表面之间的尺寸，要满足上方水平构件的支撑要求；

（3）轴线网格应清晰明确，便于阅读和记忆。

2. 竖向定位轴线

楼（地）面竖向定位应与楼（地）面面层的上表面重合，这个表面就是建筑楼（地）面的完成面。此时的高程即所谓的"建筑标高"，它是以建筑完成面的高程为依据的。由于施工时需要在完成楼（地）面结构工程后，才能进行楼（地）面面层的施工，因此结构层表面的标高即所谓的"结构标高"。

在建筑楼（地）面的同一部位，建筑标高与结构标高是不相等的，两者的差值就是楼（地）面面层的构造厚度。例如，某建筑三层的建筑标高为 6.600 m，地面面层采用 20 mm 厚 1:2.5 水泥砂浆抹面，此时楼板顶面的结构标高应为 6.580 m。

当建筑为平屋顶时，屋面的竖向定位一般应定在屋面板的顶面；当建筑为坡屋顶时，屋面的竖向定位应为屋面结构层上表面与距墙内缘 120 mm 处的外墙定位轴线的相交处。

3. 定位轴线的标定方式

定位轴线的标定应符合《房屋建筑制图统一标准》（GB/T 50001—2017）的相关规定。

（1）定位轴线的标注。定位轴线应用 0.25b 线宽的单点长画线绘制，轴线编号应注写在轴线端部的圆内。圆应用 0.25b 线宽的实线绘制，直径为 8 ～ 10 mm。定位轴线圆的圆心应在定位轴线的延长线或延长线的折线上。

（2）定位轴线的编号。

① 一般规定。定位轴线的编号宜标注在平面图的下方与左侧。横向定位轴线编号应用阿拉伯数字进行标注，按从左至右的顺序编写；竖向定位轴线编号应用大写英文字母，按从下至上的顺序进行编写（图 1.9）。英文字母作为轴线号时，应全部采用大写字母，不应用同一个字母的大小写来区分轴线号。为了避免英文字母中"I、O、Z"与数字"1、0、2"混淆，英文字母中"I、O、Z"不得用作轴线编号。如字母数量不够使用，可增用双字母或单字母加数字注脚，如 AA、BB…YY 或 A_1、B_1…Y_1。

② 分区轴线。当建筑的规模较大，如果采用一般的标注方式，会出现数值较大的轴线编号，增加记忆的难度。此时，定位轴线也可以采用分区编号的方法（图 1.10）。编号的注写方式应为"分区号 – 该区轴线号"，如 3-1、3-A 等。

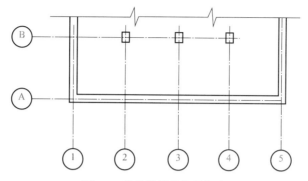

图 1.9　定位轴线的编号顺序

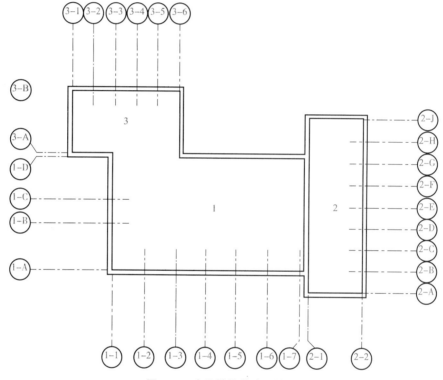

图 1.10　定位轴线的分区编号

③ 附加轴线。为了突出主体结构的核心地位，经常把一些次要的建筑部件用附加轴线进行编号，如非承重墙、装饰柱等。附加轴线应以分数表示，并按下列规定编写：

a. 两根轴线的附加轴线，应以分母表示前一轴线的编号，分子表示附加轴线的编号。编号宜用阿拉伯数字顺序编写。

如：$\frac{1}{2}$ 表示 ② 号轴线后附加的第一根轴线；

$\frac{2}{B}$ 表示 Ⓑ 号轴线后附加的第二根轴线。

b. ① 号轴线或 Ⓐ 号轴线之前的附加轴线的分母应以 01 或 0A 表示。

如：$\frac{1}{01}$ 表示 ① 号轴线之前附加的第一根轴线；

$\frac{2}{0A}$ 表示 Ⓐ 号轴线之前附加的第二根轴线。

④ 详图的通用轴线。当一个详图适用几根定位轴线时，应同时注明各有关轴线的编号（图 1.11）。通用详图的定位轴线，应当只画圆，而不注写轴线编号。

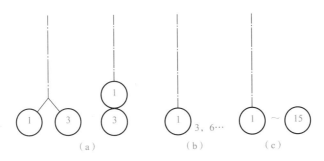

图 1.11　详图的轴线编号

（a）用于 2 根轴线时；（b）用于 3 根或 3 根以上轴线时；（c）用于 3 根以上连续编号的轴线时

1.4.3　几种尺寸及相互关系

（1）标志尺寸：用以标注建筑物定位轴线或定位面之间的距离（跨度、柱距、层高等），以及建筑制品、建筑构配件、组合件、有关设备位置界限之间的尺寸。常在设计中使用，故又称设计尺寸。

（2）构造尺寸：是生产、制造建筑构配件、建筑组合件、建筑制品等的设计尺寸，一般情况下，构造尺寸为标志尺寸减去缝隙或加上支承尺寸。

（3）实际尺寸：是建筑构配件、建筑组合件、建筑制品等生产制作后的实有尺寸，实际尺寸与构造尺寸之间的差数应符合建筑公差的规定。

几种尺寸间的相互关系如图 1.12 所示。

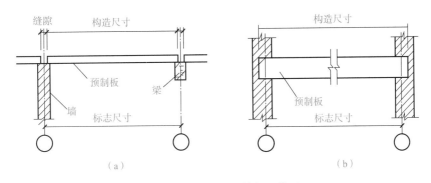

图 1.12　几种尺寸间的相互关系

（a）标志尺寸大于构造尺寸；（b）标志尺寸小于构造尺寸

👉复习页

一、填空题

1.《建筑模数协调标准》（GB/T 50002—2013）中规定采用_____mm 作为基本模数

值，以 M 表示。

2. 一般民用建筑由_____、_____、_____、_____、_____、_____
等主要部分组成。

3. 建筑物的耐火等级分为_____级。

4. 民用建筑根据建筑物的使用功能，可分为居住建筑和_____两大类。

5. 高层建筑是指建筑高度在_____ m 以上的建筑。

二、选择题

1. 建筑是建筑物和构筑物的统称，（　　）属于建筑物。
   - A. 住宅、堤坝等
   - B. 学校、电塔等
   - C. 工厂
   - C. 工厂、展览馆等

2. 建筑的构成三要素中（　　）是建筑的目的，起着主导作用。
   - A. 建筑功能
   - B. 建筑的物质技术条件
   - C. 建筑形象
   - D. 建筑的经济性

3. 下列建筑物中（　　）的交通部分称为建筑物中的交通枢纽。
   - A. 走廊、过道
   - B. 楼梯
   - C. 电梯
   - D. 门厅、过厅

4. 钢结构的特点是（　　）。
   - A. 防火性能好
   - B. 较经济
   - C. 强度高、施工快
   - D. 构造简单

三、判断题

1. 建筑施工图中的尺寸属于标志尺寸。（　　）

2. 建筑中标准规定，图中的尺寸一律用毫米。（　　）

3. 建筑物主要分为工业建筑和民用建筑。（　　）

4. 基本模数的数值为 300 mm。（　　）

四、看图填空题

观察图 1.13 中所示的房屋，根据建筑物的组成，在表格中填写对应构件的名称。

1		2		3	
4		5		6	
7		8		9	
10		11		12	
13		14		15	

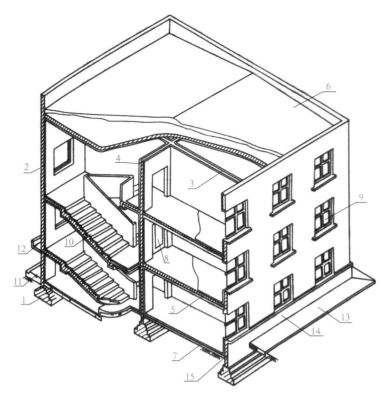

图 1.13 建筑物组成

模块 2　基础与地下室

👉 引导页

》》学习目标

知识目标	1. 掌握地基与基础的概念。 2. 了解影响基础埋深的因素。 3. 掌握基础的类型和对应的适用情况。 4. 认识常见地下室构造。 5. 熟悉地下室常见防潮、防水形式和构造做法。
技能目标	1. 能够根据图纸或构件实物，识别常见基础类型。 2. 能够依据基础的构造特点，读懂基础图纸。 3. 能够根据工程实际情况，选择合适的基础类型和埋置深度。 4. 能够说出地下室的类型及基本构造组成。 5. 能够应用常见地下室防水、防潮做法。
思政目标	1. 塑造工程师使命感和社会责任感。 2. 建立国家安全观，培养安全意识。

学习要点

　　基础是建筑物的重要组成部分，地基与基础应具有足够的强度、刚度和稳定性，还要具有良好的耐久性能并应考虑经济合理性。

　　基础的埋置深度受使用要求、地质水文构造、地基土冻结深度和相邻基础等因素影响。按材料和受力特点，有刚性基础和柔性基础；按构造形式，又可分为多种类型。不同的基础形式具有明显的不同特征，适用于多种上部结构和不同的地质。

　　地下室是建筑物的地下空间，应结合使用功能、地质水文等情况，做好地下室的防水与防潮。

参考资料

　　《建筑地基基础术语标准》（GB/T 50941—2014）。

　　《建筑地基基础设计规范》（GB 50007—2011）。

《建筑与市政地基基础通用规范》（GB 55003—2021）。

《地下工程防水技术规范》（GB 50108—2008）。

《人民防空地下室设计规范》（GB 50038—2005）。

《住宅建筑规范》（GB 50368—2005）。

《住宅建筑构造》（11J930）。

✦ 工作页

某建筑工程地下室，层高为4.8 m，室外设计地坪标高为–0.450 m，地下室顶板厚为150 mm，墙厚为300 mm，底板厚为300 mm，垫层厚为100 mm，采用C35混凝土，构造详图如图2.1所示，其他构造尺寸自行确定。结合本模块学习内容，识读图纸并完成以下任务：

1. 回答问题

（1）该地下室作为基础，按构造形式属于_____基础，基础埋深为____ m。

（2）该地下室按埋入深度，属于_____地下室。

（2）该地下室外墙采用_____材料，施工缝距地下室底板顶____ mm。

（4）地下室外墙外侧回填土采用_____、_____夯实。

2. 构造设计

结合图纸，给地下室设计墙身防水构造和底板防水构造。在图中两处引出线处按顺序写清相应构造做法。

3. 按照制图规则，抄绘地下室构造详图。

要求：

（1）A3图纸，比例1∶20或1∶25；

（2）补齐构造做法，字迹清晰，材料图例运用正确，尺寸标注完整。

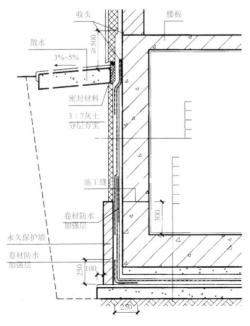

图2.1 地下室构造详图

2.1 地基与基础的概念

2.1.1 地基、基础的概念

基础：将结构所承受的各种作用传递到地基上的结构组成部分。

地基：支承基础的土体或岩体。

基础是建筑物的组成部分，承受建筑物上部结构传来的全部荷载，并将其传递给地基，是建筑物的主要承重构件。地基不是建筑物的组成部分，它是承受建筑物荷载的土壤层，从上向下依次为持力层和下卧层（图 2.2），对保证建筑物的坚固耐久非常重要。基础传递给地基的荷载如果超过地基的承载能力，地基将会出现较大的沉降、变形和失稳，直接影响建筑物的安全和正常使用。

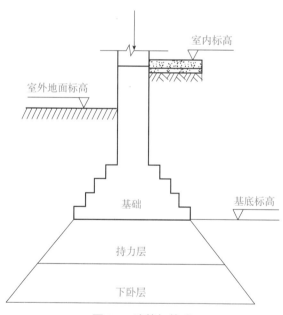

图 2.2　地基与基础

2.1.2 地基的分类

地基可分为天然地基和处理地基两大类。

（1）天然地基是指天然土层具有足够的承载力，不须经人工改善或加固，可直接承受建筑物荷载的地基。岩石、碎石、砂石、黏性土等，一般可作天然地基（图 2.3）。

地基.PPT

（2）处理地基是指为了提高天然地基强度或改善其变形性能或渗透性能，对其进行人工加固的地基，也称为人工地基（图2.4）。地基处理的措施有换填垫层、预压地基、压实地基、夯实地基和注浆加固地基等。

图 2.3　天然地基　　　　　　　　　　图 2.4　处理地基

2.1.3　地基基础功能要求

根据《建筑与市政地基基础通用规范》（GB 55003—2021）的规定，地基基础应满足下列功能要求：

（1）基础应具备将上部结构荷载传递给地基的承载力和刚度；

（2）在上部结构的各种作用和作用组合下，地基不得出现失稳；

（3）地基基础沉降变形不得影响上部结构功能和正常使用；

（4）具有足够的耐久性能；

（5）基坑工程应保证支护结构、周边建（构）筑物、地下管线、道路、城市轨道交通等市政设施的安全和正常使用，并应保证主体地下结构的施工空间和安全；

（6）边坡工程应保证支挡结构、周边建（构）筑物、道路、桥梁、市政管线等市政设施的安全和正常使用。

2.2　基础的埋置深度及影响因素

2.2.1　基础的埋置深度

室外设计地面到基础底面的垂直距离称为基础的埋置深度，简称基础埋深（图2.5）。建筑物室外地面有自然地面和室外设计地面之分，自然地面是施工地段的现有地面；室外设计地面是指按工程要求竣工后，室外场地经开挖或垫起后的地面。

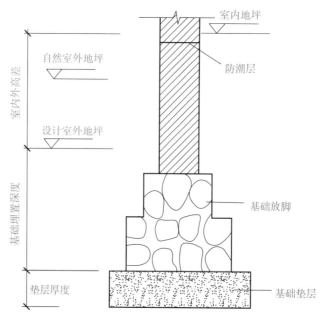

图 2.5　基础的埋置深度

　　根据基础埋置深度的不同，基础可分为浅基础和深基础两类。一般情况下，埋深不超过 5 m 的称为浅基础；埋深超过 5 m 的称为深基础。基础的埋深不宜小于 0.5 m，否则，地基受到压力后可能将四周的土挤走，使基础失稳，或受各种侵蚀、雨水冲刷等而导致基础暴露，影响建筑物安全。

2.2.2　基础埋置深度的确定原则

　　基础的埋置深度应按下列条件确定：

　　（1）建筑物的用途，有无地下室、设备基础和地下设施、基础的形式和构造。当建筑物设置有地下室设施时，基础埋深应满足其使用要求。在抗震设防区，除岩石地基外，天然地基上的箱形和筏形基础的埋置深度不宜小于建筑物高度的 1/15；桩箱或桩筏基础的埋置深度（不计桩长）不宜小于建筑物高度的 1/18；多层建筑的埋置深度一般不小于建筑物高度的 1/10。

　　（2）作用在地基上的荷载大小和性质。在满足地基稳定和变形要求的前提下，当上层地基的承载力大于下层土时，宜利用上层土作持力层，除岩石地基外，基础埋深不宜小于 0.5 m。

　　（3）工程地质和水文地质条件。基础底面应尽量选在常年未经扰动而且坚实平坦的土层或岩石上，避免地表面的土层含有的大量植物根茎类腐质或垃圾，对基础形成安全隐患。

　　基础宜埋置在地下水水位以上，当必须埋置在地下水水位以下时，应采取地基土在施工时不受扰动的措施。当基础埋置在易风化的岩层上，施工时应在基坑开挖后立即铺筑垫层。

　　（4）相邻建筑物的基础埋深。当存在相邻建筑物时，新建建筑物的基础埋深不宜大于原有建筑基础。当埋深大于原有建筑基础时，两基础间应保持一定净距，其数值应根据建筑荷载大小、基础形式和土质情况确定（图2.6）。

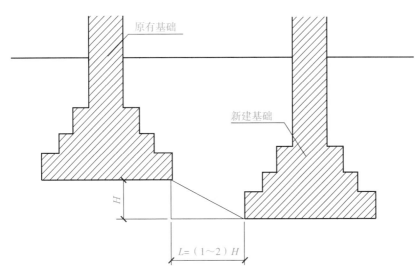

图2.6 基础的埋深与相邻基础的关系

（5）地基土冻胀和融陷的影响。季节性冻土地区基础埋置深度宜大于场地冻结深度。对于深厚季节冻土地区，当建筑基础底面土层为不冻胀、弱冻胀、冻胀土时，基础埋置深度可以小于场地冻结深度，基底允许冻土层最大厚度应根据当地经验确定。

2.3 基础的类型

由于建筑物的结构类型、荷载大小、水文地质及建筑材料等原因，建筑物的基础形式较多。不同类型的基础，其构造措施与构造方法也各不相同。

2.3.1 按材料及受力特点分类

1. 刚性基础（无筋扩展基础）

刚性基础是指由砖、毛石、混凝土或毛石混凝土、灰土和三合土等材料组成，不配置钢筋，受刚性角限制的墙下条形基础或柱下独立基础。其抗压强度较高，而抗拉、抗剪强度较低。刚性角是指上部结构荷载通过基础向下扩散传递方向与竖向的夹角。为满足地基允许承载力的要求，加大基础底面积，基础底面尺寸放大到一定范围，因受弯或剪切会发生折裂破坏，破坏的方向与垂直面的夹角 α 就是刚性角（图2.7）。为设计施工方便将刚性角换算成 α 的正切值 b/h，即宽高比。表2.1为各种材料基础的宽高比 b/h 的容许值。

中国传统建筑
材料——
三合土.PPT

刚性角.MP4

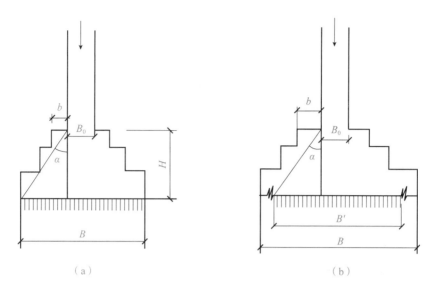

图 2.7 刚性基础受力和传力特点
（a）基础受力在刚性角范围内；（b）基础宽度超过刚性角范围

表 2.1 刚性基础台阶宽高比的允许值

基础材料	质量要求	台阶宽高比的允许值		
		$P \leqslant 100$ kN	100 kN$<P \leqslant$ 200 kN	200 kN$<P \leqslant$ 300 kN
混凝土基础	C15 混凝土	1:1.00	1:1.00	1:1.25
毛石混凝土基础	C15 混凝土	1:1.00	1:1.25	1:1.50
砖基础	砖不低于 MU10，砂浆不低于 M5	1:1.50	1:1.50	1:1.50
毛石基础	砂浆不低于 M5	1:1.25	1:1.50	—
灰土基础	体积比为 3:7 或 2:8 的灰土，其最小干密度：粉土：1 550 kg/m³；粉质黏土：1 500 kg/m³；黏土：1 450 kg/m³	1:1.25	1:1.50	
三合土基础	体积比 1:2:4 ～ 1:3:6（石灰：砂:骨料），每层约虚铺 200 mm，夯至 150 mm	1:1.50	1:2.00	—

注：1. 阶梯形毛石基础的每阶伸出宽度，不宜大于 200 mm；
    2. 当基础由不同材料叠合组成时，应对接触部分作抗压验算；
    3. 混凝土基础单侧扩展范围内基础底面处的平均压力值超过 300 kPa 时，尚应进行抗剪验算；对基底反力集中于立柱附近的岩石地基，应进行局部受压承载力验算。

采用无筋扩展基础（刚性基础）的钢筋混凝土柱，其柱脚高度 h_1 不得小于 b_1（图 2.8），并不应小于 300 mm 且不小于 20d（d 为柱中的纵向受力钢筋的最大直径）。

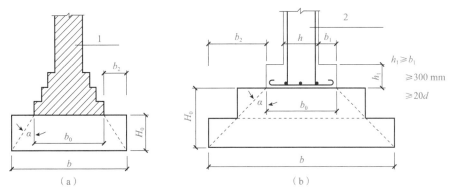

图 2.8　无筋扩展基础构造示意

d—柱中纵向钢筋直径；1—承重墙；2—钢筋混凝土柱

2. 柔性基础（扩展基础）

柔性基础是指在混凝土基础的底部配以钢筋，宽度不受刚性角限制的基础，也称为扩展基础。柔性基础利用底部钢筋来抵抗拉应力，可使基础底部承受较大的弯矩。当建筑物的荷载较大而地基承载力较小时，基础底面加宽，不需要增加基础的高度，有效解决刚性基础底面宽度受刚性角限制的问题（图 2.9）。

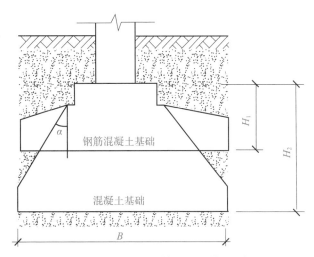

图 2.9　混凝土与钢筋混凝土基础比较

扩展基础包括柱下独立基础和墙下条形基础两种类型，截面有阶形和锥形两种形式。根据《建筑地基基础设计规范》（GB 50007—2011）规定，扩展基础的构造要求如下：

（1）锥形基础的边缘高度不宜小于 200 mm，且两个方向的坡度不宜大于 1 : 3；阶梯形基础的每阶高度，宜为 300 ～ 500 mm。

（2）垫层的厚度不宜小于 70 mm，垫层混凝土强度等级不宜低于 C10。

（3）扩展基础底板受力钢筋的最小直径不宜小于 10 mm，间距不宜大于 200 mm，也不宜小于 100 mm。墙下钢筋混凝土条形基础纵向分布钢筋的直径不宜小于 8 mm，间距不宜大于 300 mm。

（4）当有垫层时钢筋保护层的厚度不应小于 40 mm；当无垫层时钢筋保护层的厚度不应小于 70 mm。

（5）混凝土强度等级不应低于 C20。

（6）当柱下钢筋混凝土独立基础的边长和墙下钢筋混凝土条形基础的宽度大于或等于 2.5 m 时，底板受力钢筋的长度可取边长或宽度的 0.9 倍，并宜交错布置（图 2.10）。

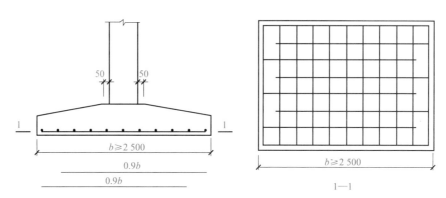

图 2.10 柱下独立基础底板受力钢筋布置

2.3.2 按构造形式分类

1. 条形基础

当建筑物上部结构采用墙承重时，基础沿墙身设置，做成与墙形式相同的长条形，形成纵横向连续交叉的条形基础（图 2.11、图 2.12）。这种基础有较好的整体性，可减缓局部不均匀沉降。中小型砖混结构常采用此种形式，选用材料可以是砖、石、混凝土、灰土、三合土等刚性材料。

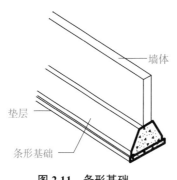

图 2.11 条形基础

图 2.12 条形基础施工现场

2. 独立基础

当建筑物的承重体系采用框架结构或单层排架及刚架结构时，其基础常采用方形或矩形的独立式基础，称为单独基础或柱式基础。其断面形式有阶梯形、锥形、杯口形等（图 2.13、图 2.14）。

当柱子采用预制构件时，则基础做成杯口形，然后将柱子插入，并嵌固在杯口内，又称杯形基础［图 2.13（c）］。

独立基础受力分析 .MP4

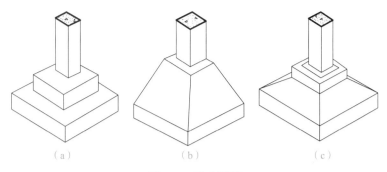

图 2.13 独立基础
（a）阶梯形；（b）锥形；（c）杯形基础

图 2.14 独立基础施工现场

当建筑是以墙作为承重结构，而地基上层为软土时，如采用条形基础则基础要求埋深较大，这种情况下也可采用墙下独立基础，其构造是墙下设基础梁，以承托墙身，基础梁支承在独立基础上（图 2.15）。

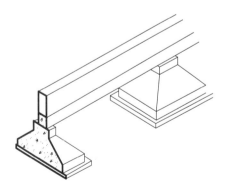

图 2.15 墙下独立基础

3. 井格基础

当地基条件较差，或上部荷载不均匀时，为了提高建筑物的整体性，防止柱子之间产生不均匀沉降，常将柱下基础沿纵横两个方向扩展并连接起来，做成十字交叉的井格基础（图 2.16）。

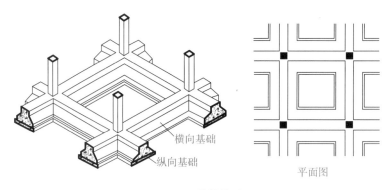

横向基础
纵向基础

平面图

图 2.16　井格基础

4. 筏片基础

当建筑物荷载较大，而地基承载力又较小，采用条形基础或井格基础的底面积占建筑物平面面积较大时；或将基础做成一个钢筋混凝土板，由成片的钢筋混凝土板支承着整个建筑，这种基础称为筏片基础。筏片基础有梁板式（图 2.17、图 2.18）和平板式两种。

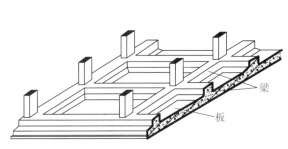

梁
板

图 2.17　梁板式筏片基础

图 2.18　筏片基础施工现场

5. 箱形基础

当筏式基础埋深较大时，为了增加建筑物的整体刚度，有效抵抗地基的不均匀沉降，常采用由钢筋混凝土底板、顶板和若干纵横墙组成的空心箱体结构，即箱形基础（图 2.19）。箱形基础具有刚度大、整体性好，内部空间可用作地下室的特点。

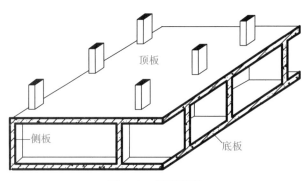

顶板
侧板
底板

图 2.19　箱形基础

6. 桩基础

桩基础是常用的一种基础形式，是深基础的一种。当天然地基承载力低、沉降量大，不能满足建筑物的要求时，可选择桩基础。

桩基础 .PPT

桩基础的类型很多。按桩的形状和竖向受力情况可分为摩擦桩和端承桩（图 2.20）。摩擦桩的桩顶竖向荷载主要由桩侧壁摩擦阻力承受。端承桩的桩顶竖向荷载主要由桩端阻力承受。按桩的材料可分为混凝土桩、钢筋混凝土桩、钢桩等。按桩的制作方法有预制桩和灌注桩。

桩基础的组成：桩基础是由桩身和承台梁（或板）组成的（图 2.21）。桩身尺寸是按设计确定的，并根据设计布置的点位将桩置入土中。在桩的顶部设置钢筋混凝土承台，以支承上部结构，使建筑物荷载均匀地传递给桩基。

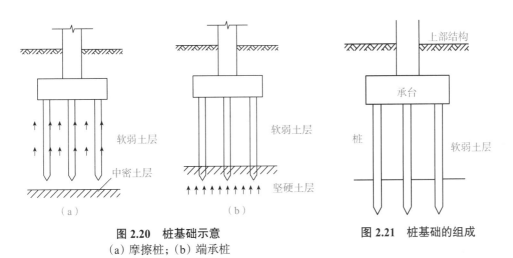

图 2.20　桩基础示意
（a）摩擦桩；（b）端承桩

图 2.21　桩基础的组成

2.4　地下室

建筑物底层以下的房间称为地下室。地下室可以专门设置，也可以利用高层建筑物深埋的基础部分或箱形基础的内部空间构成。地下室可以提高建设用地的利用率且造价提高不多。地下室可用作停车场、仓库、商场、餐厅等，还可兼有战备防空的用途。

2.4.1　地下室的类型与组成

1. 地下室的类型

（1）按承重结构材料分：有砌体结构地下室和钢筋混凝土结构地下室。

（2）按埋入深度分：有全地下室和半地下室。当地下室地坪与室外地坪面的高差超过该地下室净高 1/2 时称为全地下室；当地下室地坪与室外地坪面高差超过该地下室净高 1/3，但不超过 1/2 的称为半地下室。

（3）按使用功能分：有普通地下室和防空地下室。普通地下室即用作普通的库房、商场、餐厅等功能的地下空间（图2.22）。防空地下室是具有预定战时防空功能的地下室，是全地下室。

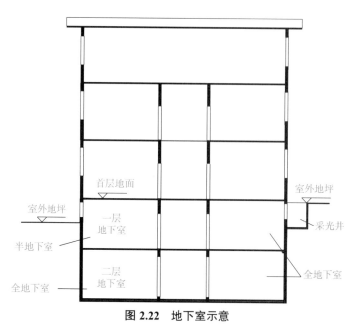

图 2.22　地下室示意

🔍 知识链接

　　根据《人民防空地下室设计规范》（GB 50038—2005）规定，防空地下室结构的设计使用年限应按50年采用。当上部建筑结构的设计使用年限大于50年时，防空地下室结构的设计使用年限应与上部建筑结构相同。与普通地下室相比，防空地下室结构设计的主要特点是要考虑战时规定武器爆炸动荷载的作用。防空地下室设计必须贯彻"长期准备、重点建设、平战结合"的方针，并应坚持人防建设与经济建设协调发展、与城市建设相结合的原则。在平面布置、结构选型、通风防潮、给水排水和供电照明等方面，应采取相应措施使其在确保战备效益的前提下，充分发挥社会效益和经济效益。

人防工程.PPT

2. 地下室的组成和相关要求

　　地下室一般由墙体、底板、顶板、门窗、楼电梯及采光井等部分组成。顶板和底板通常为钢筋混凝土板。地下室的外墙及底板必须有足够的强度、刚度和防水能力。

　　用作人员掩蔽的防空地下室的掩蔽面积标准应按每人 1 m² 计算。室内地面至顶板底面高度不应低于 2.4 m，梁下净高不应低于 2 m。《住宅建筑规范》（GB 50368—2005）规定，地下机动车库走道净高不应低于 2.20 m，车位净高不应低于 2.00 m，住宅地下自行车库净高不应低于 2.00 m。

　　地下室除利用人工采光、通风外，也可设置自然采光、通风的窗。半地下室可利用两侧外墙上的窗采光、通风；全地下室应在外墙采光口处设置采光井。采光井由侧墙和底板等组成，采光井底要有 1% ～ 3% 的坡度排除井内积水，并利用管道引入地下排水管网。采光井口应设铁算子，防止杂物或人掉入井内。

2.4.2 地下室防潮与防水

地下室处于地表以下的位置，会受到地潮或地下水的作用。地潮是指地层中的毛细管水和地面水下渗造成的无压力水。地下水是地下水水位以下的水，它具有一定的压力。因而，防潮和防水是地下室构造处理的重要问题。地下室的防潮、防水做法取决于地下室地坪与地下水水位的关系。当设计最高地下水水位低于地下室底板 500 mm，且基底范围内的土壤及回填土无形成上层滞水的可能时，采用防潮做法。当设计最高地下水水位高于地下室底板标高，且地面水可能下渗时，应采用防水做法。

1. 地下室的防潮

地下室的防潮处理构造做法是首先在地下室墙体外表面抹 20 mm 厚 1 ：2 防水砂浆找平层，并涂刷冷底子油一道和热沥青两道，形成外侧防潮层，防潮层需刷至室外散水坡处。防潮层外侧用黏土、灰土等低渗透性土回填，土层宽约为 500 mm 左右。地下室外所有的墙都必须设置上、下两道水平防潮层，一道设置在室外地面散水坡以上 150 ～ 200 mm 的位置；一道设置在地下室地坪的结构层之间（图 2.23）。

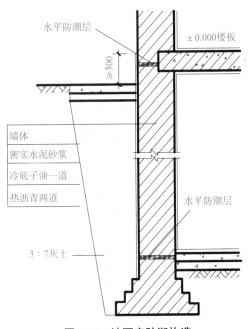

图 2.23 地下室防潮构造

2. 地下室的防水

地下室防水遵循"防、排、解、堵相结合，刚柔并济，因地制宜，综合治理"的原则。

地下工程的防水等级分为四级，民用建筑常用地下室防水等级是一、二、三级。地下室防水等级标准及适用范围见表 2.2。

表 2.2 地下室防水等级标准及适用范围

防水等级	标准	适用范围
一级	不允许渗水,结构表面无湿渍	人员长期停留的场所;因有少量湿渍会使物品变质、失效的储物场所及严重影响设备正常运转和危及工程安全运营的部位;极重要的战备工程
二级	不允许漏水,结构表面可有少量湿渍; 工业与民用建筑:总湿渍面积不应大于总防水面积(包括顶板、墙面、地面)的 1/1 000;任意 100 m² 防水面积上的湿渍不超过 2 处,单个湿渍的最大面积不大于 0.1 m²; 其他地下工程:总湿渍面积不应大于总防水面积的 2/1 000;任意 100 m² 防水面积上的湿渍不超过 3 处,单个湿渍的最大面积不大于 0.2 m²	人员经常活动的场所;在有少量湿渍的情况下不会使物品变质、失效的储物场所及基本不影响设备正常运转和工程安全运营的部位;重要的战备工程
三级	有少量漏水点,不得有线流和漏泥砂; 任意 100 m² 防水面积上的漏水或湿渍点数不超过 7 处,单个漏水点的最大漏水量不大于 2.5 L/d,单个湿渍的最大面积不大于 0.3 m²	人员临时活动的场所;一般战备工程

地下室防水一般采用结构自防水和材料防水结合的做法。自防水是用防水混凝土作外墙和底板,使承重、围护、防水三种功能合而为一;材料防水是在外墙和底板表面敷设防水材料,如卷材、涂料等,阻止地下水渗入。

地下室防水设防高度的确定:对独立式全地下工程应做全面封闭的防水层;对附建式全地下或半地下工程的防水设防则应高出室外地坪 500 mm 以上。卷材和涂料防水层可在室外地坪处改用防水砂浆完成防水设防高度。

地下室卷材防水构造要求如下:

(1)迎水面主体结构应采用防水混凝土结构,厚度不应小于 250 mm,并应根据防水等级的要求采用其他防水措施。

(2)卷材防水层均应铺设在防水混凝土主体结构的迎水面。阴阳角处应做成圆弧或 45° 折角,增添一到两层相同品种的卷材作为加强层,加强层宽宜为 300 ~ 500 mm。

(3)粘贴各类卷材必须采用与该卷材相容的胶粘剂,不同品种防水卷材的搭接宽度应符合相关规范的要求。

(4)侧墙迎水面防水层应采用软质保护材料。

(5)卷材防水主要采用高聚物改性沥青类防水卷材或合成高分子类防水卷材,可分为外防水(外包防水)和内防水(内包防水)两类。防水卷材粘贴在墙体外侧称为外防水,这种方法防水效果好,但维修困难;卷材粘贴于结构内表面时称为内防水,这种方法防水较差,但施工简单,一般在补救或修缮工程中应用。

以住宅建筑地下室为例,介绍混凝土结构自防水和卷材防水(外防水)做法。

卷材外防水的做法:先在混凝土垫层上将卷材满铺整个地下室,在其上浇筑细石混凝土保护层。底层防水卷材留出足够的长度与墙面垂直防水卷材搭接。墙体部分做法是先在外墙外侧抹 20 mm 厚 1:2.5 水泥砂浆找平层,涂刷冷底子油一道,然后进行卷材粘贴

（图 2.24）。卷材从底板下包上来，沿墙身由下而上连续密封粘贴，在设计水位以上 500 ～ 1 000 mm 处收头，收头做法如图 2.25 所示。最后在防水层外侧砌厚为 120 mm 的保护墙，在保护墙与防水层之间缝隙中灌以水泥砂浆。

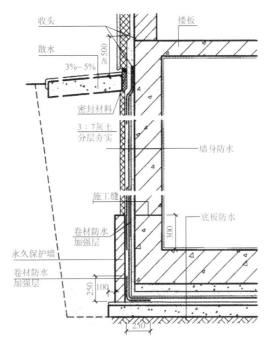

图 2.24　地下室外防水构造

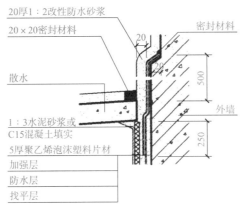

图 2.25　地下室外墙防水收头

　　混凝土结构自防水要求结构厚度不小于 250 mm，防水混凝土结构地板的混凝土垫层，强度等级不应小于 C15，厚度不小于 100 mm；受冻融作用时，应优先选用普通硅酸盐水泥，不宜采用火山灰硅酸盐水泥和粉煤灰硅酸盐水泥。遇施工缝处应采用止水带，止水带做法如图 2.26 所示。

　　地下室墙身防水构造做法（由外至内）如下：

　　（1）3：7 灰土分层夯实或素土分层夯实；

（2）胶粘剂粘贴30 mm厚挤塑聚苯板（保护层）或按工程设计；

（3）卷材防水层；

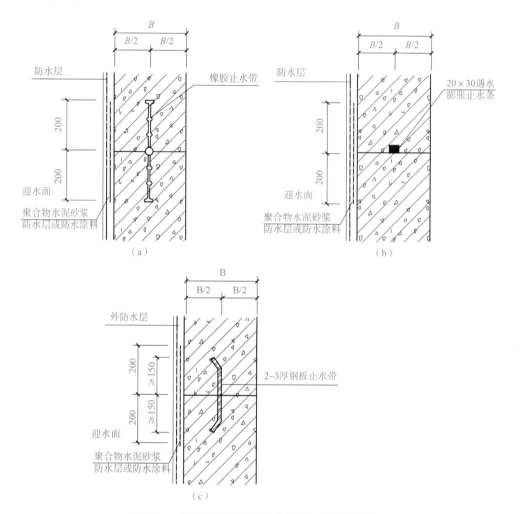

图2.26　地下室钢筋混凝土外墙施工缝防水构造
（a）橡胶止水带；（b）膨胀止水条；（c）钢板止水带

（4）刷基层处理剂一道；

（5）20 mm厚1∶2.5水泥砂浆找平层或防水钢筋混凝土侧墙表面刮平；

（6）防水钢筋混凝土侧墙。

地下室底板防水构造做法（由上至下）如下：

（1）防水钢筋混凝土底板；

（2）50 mm厚C20细石混凝土保护层；

（3）卷材防水层；

（4）刷基层处理剂一道；

（5）20 mm厚1∶2.5水泥砂浆找平层（可根据顶板平整程度取舍）；

（6）≥100 mm厚C15混凝土垫层；

（7）地基持力层。

全埋式地下室卷
材外防水 .MP4

一、填空题

1. 基础按构造形式可分为_____、_____、_____、_____、_____。

2. 凡天然土层本身具有足够的强度，能直接承受建筑物荷载的地基称为_____。

3. 墙承重时，墙下基础形式一般为_____。

4. 当建筑物荷载很大，地基承载力不能满足要求时，常常采用_____。

5. 基础的埋深_____。

6. 基础的埋置深度_____时称为浅基础，但不能浅于_____。

二、选择题

1. 地下室的构造设计的重点主要是解决（　　　）。

　　A. 隔音防噪　　　　　　B. 自然通风　　　　　C. 天然采光　　　　　D. 防潮防水

2. 在承重柱下采用（　　　）为主要柱基形式。

　　A. 独立基础　　　　　　B. 条形基础　　　　　C. 筏片基础　　　　　D. 箱形基础

3. 刚性基础的受力特点是（　　　）。

　　A. 抗拉强度大、抗压强度小　　　　　　B. 抗拉、抗压强度均大

　　C. 抗剪切强度大　　　　　　　　　　　D. 抗压强度大、抗拉强度小

　　E. 抗扭曲强度大

4. 一般，基础应争取埋置在地下水水位以上，但当地下水水位较高水层较深时，基础底面应置于（　　　）。

　　A. 最高地下水水位以上

　　B. 最高地下水水位以下，最低地下水水位以上

　　C. 最低地下水水位以下

　　D. 地下水水位以下

5. 以下各种基础不属于刚性基础的是（　　　）。

　　A. 砖基础　　　　　　　　　　　B. 毛石混凝土基础

　　C. 素混凝土基础　　　　　　　　D 钢筋混凝土基础

6. 地下室的外墙应按挡土墙设计，如用砖墙，最小厚度不小于（　　　）mm。

　　A. 490　　　　　　　B. 370　　　　　　　C. 300　　　　　　　D. 240

三、判断题

1. 刚性基础如果加大刚性角，基础会受拉破坏。（　　　）

2. 刚性材料抗压能力强，抗拉能力差。（　　　）

3. 刚性基础的压力传递是沿刚性角的斜线传递。（　　　）

4. 柔性基础的优点是能承受拉力。（　　　）

5. 端承桩适用于坚硬土层较浅、荷载较大的工程。（　　　）

6. 摩擦桩适用于坚硬土层较深、荷载较大的工程。（　　　）

7. 新建房屋与原有房屋相邻时，新基础应浅于原基础或持平，以保证原房屋的安全。（　　　）

8. 当冻土深度小于 0.5 m 时，基础埋深不受影响。（　　　）

四、看图填空题

根据基础构造形式的不同，识读表 2.3 中基础外观图，并标注基础类型。

表 2.3　识读基础外观图

基础外观图	基础类型及定义
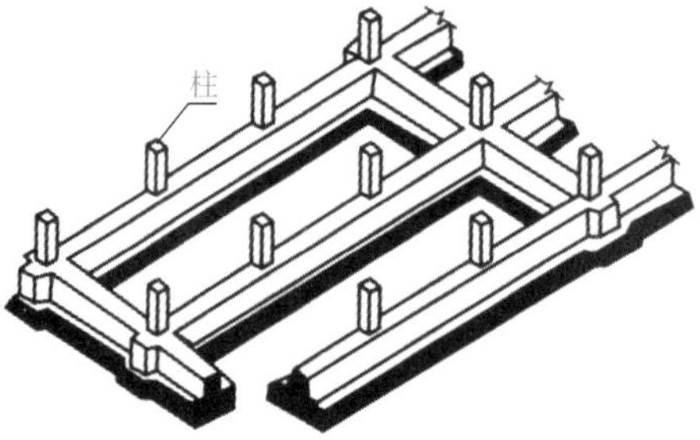 图 1	基础类型： _____ 特点： _____
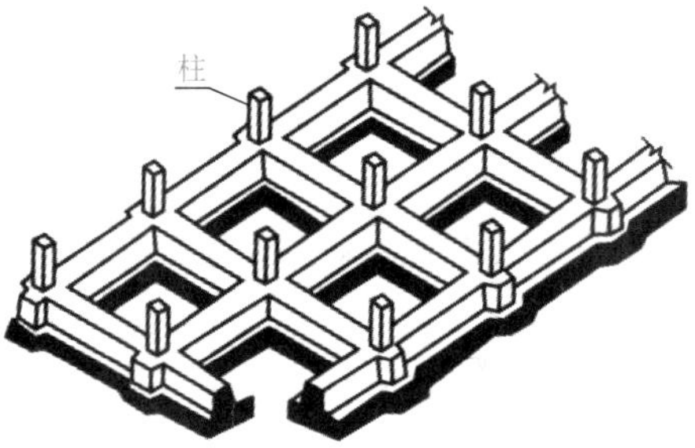 图 2	基础类型： _____ 特点： _____
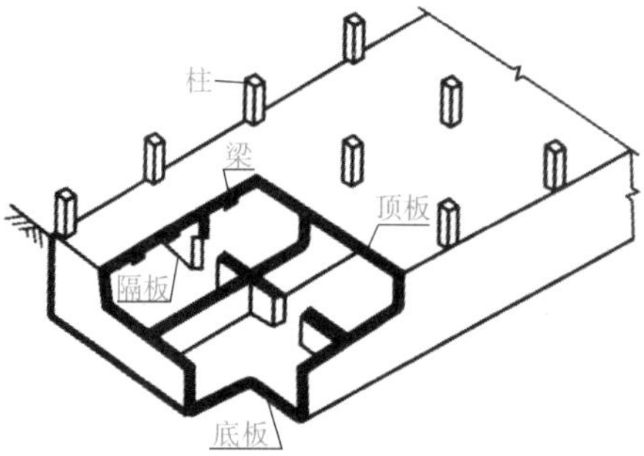 图 3	基础类型： _____ 特点： _____
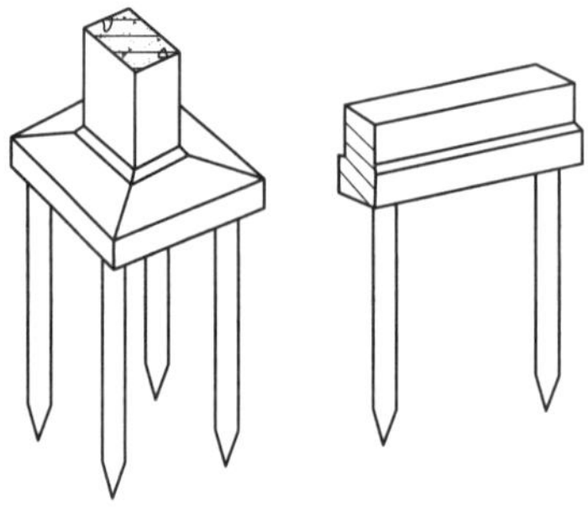 图 4	基础类型： _____ 特点： _____

续表

基础外观图	基础类型及定义
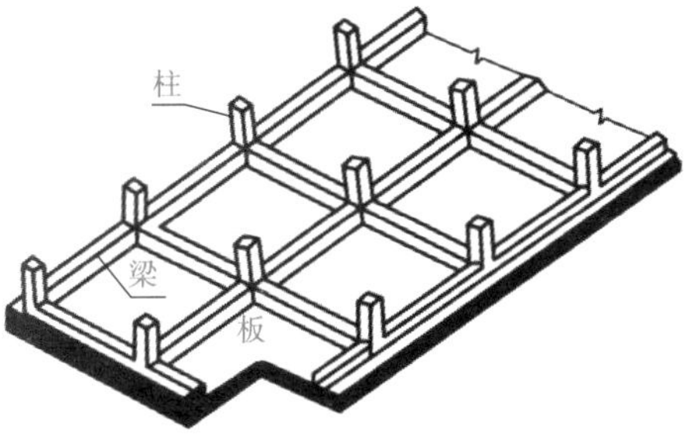 图 5	基础类型：______ 特点：______
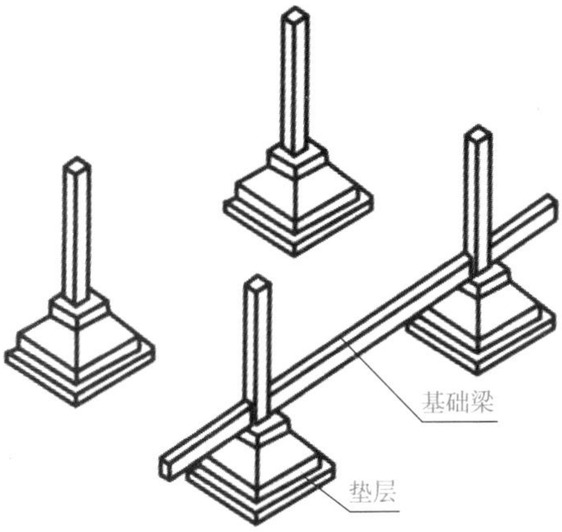 图 6	基础类型：______ 特点：______

模块 3　墙体

引导页

学习目标

知识目标	1. 了解墙体的作用、分类和设计要求。 2. 掌握砌块墙的尺寸、材料和组砌要求。 3. 掌握墙体细部构造、抗震构造和节能构造的做法和要点。 4. 掌握隔墙的类型和各类隔墙的构造做法。 5. 了解幕墙的类型、构件组成和构造。 6. 熟悉墙面装修的类型和各类墙面的特点、功能、材料和构造要点。
技能目标	1. 能够分辨墙体的类型，熟悉各类墙体的特性，清楚建筑物中各墙体的作用，并能够安全有效地开展相关工作。 2. 能够准确识读工程图纸中墙体的相关信息，清楚各部分墙体尺寸、组砌方式和要点。 3. 能够正确识读墙体各类构造详图和相关图集，并根据图纸和图集进行施工。 4. 能够根据构造原理和特性，结合实际工程，选择合适的材料和构造做法进行施工。 5. 能够针对墙体实际出现的构造问题，提出合理化建议，形成图纸和整改方案。 6. 能够根据实际工程情况，选择合适的隔墙类型，合理选择隔墙材料和做法，并清楚隔墙施工要点。 7. 能够根据墙面实际情况和使用要求，选择合适的墙面材料和装修做法，并清楚装修要点。 8. 能够区分各类玻璃幕墙，认识不同玻璃幕墙的组成构件，清楚其结构特点和适用环境。
思政目标	1. 通过认识新材料、新构造、新工艺，树立环保意识、节能意识，培养"保护自然环境，建设美丽中国"的社会责任感。 2. 通过运用新材料、新构造、新工艺，锻炼独立思考、综合运用、深入挖掘的工作能力，培养"守正创新、踔厉奋发"的工匠精神。

学习要点

墙体主要起承重、围护和分隔的作用，可以根据所处位置、受力情况、材料选择、构造形式及施工方式进行分类。墙体设计应满足强度、稳定性、热工、防潮、防火等多方面要求。承重墙可按横墙承重、纵墙承重、纵横墙混合承重和内框架承重体等方案布置。

砌体墙是用砖或砌块和砂浆砌筑而成的墙体，可分为砖墙和砌块墙两类。砖按材料不同，有粉煤灰砖、灰砂砖、炉渣砖等；砌块是利用工业废料（煤渣、矿渣等）和地方材料制成的人造块材，根据质量和尺寸可分为小型砌块、中型砌块和大型砌块。墙体的构造包括细部构造、抗震构造、节能构造等。

隔墙是用于分隔房间的非承重墙，具有自重轻、布置灵活的特点，根据材料和施工方式分为块材隔墙、龙骨隔墙、板材隔墙。

玻璃幕墙是现代高层建筑常用的一种墙体做法，具有轻质节能、采光好、设计安装快捷方便等优点。玻璃幕墙主要由玻璃、骨架和密封材料三部分组成，结构可分为框支式、全玻式、点支式三类。

墙体装饰可分为抹灰类、贴面类、铺钉类、涂料类和裱糊类等，主要起保护墙体、改善墙体使用功能和美化环境的作用。

参考资料

《民用建筑通用规范》（GB 55031—2022）。
《民用建筑设计统一标准》（GB 50352—2019）。
《建筑节能与可再生能源利用通用规范》（GB 55015—2021）。
《砌体结构通用规范》（GB 55007—2021）。
《砌体结构工程施工质量验收规范》（GB 50203—2011）。
《砌体结构设计规范》（GB 50003—2011）。
《砌体结构工程施工规范》（GB 50924—2014）。
《墙体材料应用统一技术规范》（GB 50574—2010）。
《民用建筑热工设计规范》（GB 50176—2016）。
《公共建筑节能设计标准》（GB 50189—2015）。
《建筑装饰装修工程质量验收标准》（GB 50210—2018）。
《住宅建筑构造》（11J903）。
《混凝土小型空心砌块建筑技术规程》（JGJ/T 14—2011）。
《保温防火复合板应用技术规程》（JGJ/T 350—2015）。
《建筑外墙外保温防火隔离带技术规程》（JGJ 289—2012）。
《外墙外保温工程技术标准》（JGJ 144—2019）。

👉 工作页

威海市某社区服务站，砌体结构，墙厚为 300 mm，轻骨料混凝土砌块；4 层，层高为 3.3 m，室内外高差为 0.3 m；素混凝土单阶条形基础，女儿墙屋顶，女儿墙高为 0.9 m。服务站所在地区抗震设防烈度为 7 度。底层平面图（楼梯部分未绘制）如图 3.1 所示，忽略楼梯，根据本模块学习内容完成下面的任务。

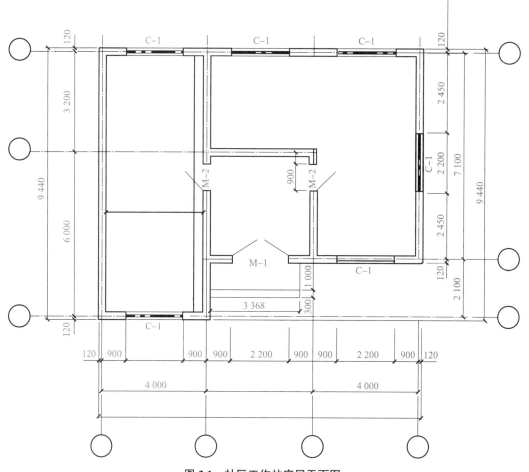

图 3.1 社区工作站底层平面图

任务要求：

（1）按照制图规则给底层平面图添加定位轴线编号、室内外标高。

（2）给底层门窗洞口设置过梁，完成表 3.1 的填写。

表 3.1 过梁配置表

序号	位置	长度 /mm	数量

（3）按最基本要求，设计圈梁（不兼作过梁），完成表 3.2 的填写。

表 3.2 圈梁配置表

位置	截面宽度 × 高度 / (mm×mm)	配筋	截面图

（4）按照规范要求，在底层平面图上布置构造柱，构造柱截面尺寸应满足基本要求。

提示：平面图中构造柱以涂黑矩形表示。

（5）设计墙体防潮层、散水、勒脚和外墙外保温构造，设计外墙面和内墙面装修做法，绘制 Ⓑ 轴墙身节点图，墙身剖切位置见底层平面图，图幅、比例自定。

提示：

（1）墙身防潮层包括外墙和内墙。图中应注明防潮层位置、材料等信息。

（2）冬季北方地区土壤冻胀，设置散水和勒脚时，应考虑它们的相互位置，保证构造的使用功能。

（3）采用铅笔完成，要求字迹工整、布图均匀，正确运用各种材料图例，线条应符合制图要求。

👉 学习页

3.1　墙体的类型和设计要求

墙体是建筑物的重要组成部分之一，主要起承重、围护和分隔的作用。墙体根据材料、位置等分别采用不同的构造。

3.1.1　墙体的类型

墙体根据在建筑物中的所处位置、受力情况、材料选择、构造形式及施工方式的不同，类型也不同。

1. 按位置分类

墙体按所处位置可分为外墙和内墙。外墙位于房屋的四周，故又称为外围护墙，它起着挡风、阻雨、保温、隔热等围护作用；内墙位于房屋内部，主要起分隔内部空间的作用，同时起到一定的隔声、防火等作用。

墙体按布置方向又可分为纵墙和横墙。沿建筑物长轴方向布置的墙称为纵墙；沿建筑物短轴方向布置的墙称为横墙，外横墙又称山墙。建筑物屋顶四周外围的矮墙称为女儿墙。

另外，根据墙体与门窗的位置关系，在同一道墙上门窗洞口之间的墙体称为窗间墙，门窗洞口上下的墙体称为窗上墙或窗下墙。不同位置的墙体名称如图 3.2 所示。

女儿墙 .PPT

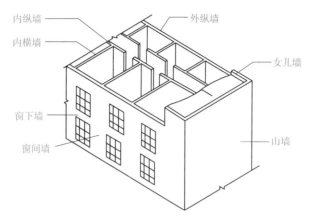

内纵墙　　　　　　　　　外纵墙

内横墙　　　　　　　　　女儿墙

窗下墙　　　　　　　　　山墙

窗间墙

图 3.2　不同位置的墙体名称

2. 按受力情况分类

墙体按受力情况的不同可分为承重墙和非承重墙。

直接承受外加荷载和自重的墙称为承重墙。承重墙承受屋顶和楼板等构件传下来的垂直荷载和风力、地震力等水平荷载，墙下应布置基础。不承受外加荷载的墙称为非承重墙。非承重墙又可分为自承重墙、隔墙、框架填充墙和幕墙。自承重墙承受自身重力荷载，同时还承受风力、地震力等荷载，一般都直接落地，并有基础。隔墙仅起分隔空间作用，自身重力由楼板或梁来承担。框架填充墙是框架结构中填充在柱子之间、只起分隔和围护空间作用的墙。幕墙是悬挂在建筑物主体结构上、不承担结构荷载和作用的外围护墙，有金属幕墙和玻璃幕墙等。

3. 按材料的不同分类

墙体按使用材料可分为生土墙、砖墙、加气混凝土墙、普通混凝土空心小型砌块墙及钢筋混凝土板材等各种其他材料制作的墙体。

4. 按施工方法分类

各种材料的
墙体 .PPT

按施工方法的不同，墙体可分为块材墙、板筑墙及板材墙三种（图 3.3）。块材墙是用砂浆等胶结材料将砖、石、砌块等组砌而成，如实砌砖墙、石墙及各种砌块墙等；板筑墙是在现场立模板，现浇而成的墙体，如现浇混凝土墙等；板材墙是预先制成墙体，在施工现场拼装而成的墙体，如预制混凝土墙板等。

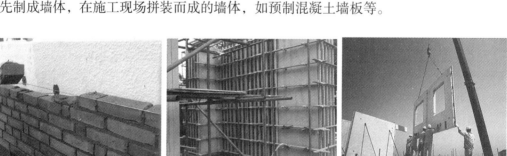

(a)　　　　　　　　　　(b)　　　　　　　　　　(c)

图 3.3　墙体按施工方法分类
（a）块材墙；（b）板筑墙；（c）板材墙

3.1.2 墙体的承重方案

墙体的承重方案有横墙承重、纵墙承重、纵横墙混合承重和内框架承重。

1. 横墙承重

横墙承重是将建筑物的水平承重构件（楼板、屋面板等）搁置在横墙上，由横墙承担楼面及屋面荷载，纵墙仅起自承重和纵向稳定及拉结作用［图 3.4（a）］。这种方案，建筑的横墙间距要小于纵墙间距，因此搁置在横墙上的水平承重构件的跨度小，其截面高度也小，可以节省钢材和混凝土，增加室内的净空高度。由于横墙是承重墙，具有足够的厚度，而且间距不大，所以能有效地增加建筑物的刚度，提高抵抗水平荷载的能力。另外，内纵墙与上部水平承重构件之间没有传力的关系，可以自由布置，在纵墙中开设门窗洞口比较灵活。但横墙承重方案由于横墙间距受到水平承重构件跨度和规格的限制，建筑开间尺寸变化不灵活，不易形成较大的室内空间，而且墙体所占的面积较大。

横墙承重方案适用于房间开间不大、尺寸变化不多的建筑，如宿舍、住宅、旅馆等。

2. 纵墙承重

纵墙承重是将建筑的水平承重构件搁置在纵墙上，即由纵墙承担楼面及屋面荷载，横墙仅起分隔空间和连接纵墙的作用［图 3.4（b）］。这种方案，建筑的进深方向尺寸变化较小，因此搁置在纵墙上的水平承重构件的规格少，有利于施工，可以提高施工效率。另外，横墙与上部水平承重构件之间没有传力关系，可以灵活布置，易于形成较大的房间。但纵墙承重方案由于水平承重构件的跨度较大，其自重和截面高度也较大，强度要求高，占用空间较多。由于横墙不承重，自身的强度和刚度较低，起不到抵抗水平荷载的作用，因此建筑的刚度较差。为了保证纵墙的强度，在纵墙中开设门窗洞口就受到了一定的限制，不够灵活。

纵墙承重方案适用于进深方向尺寸变化较少、内部房间较大的建筑，如办公楼、商场等。

3. 纵横墙混合承重

纵横墙混合承重简称混合承重，这种方案即由纵墙和横墙共同承受楼板与屋面等荷载［图 3.4（c）］。混合承重综合了横墙承重和纵墙承重的优点，建筑平面组合自由灵活、空间刚度较好。

纵横墙混合承重方案适用于开间和进深尺寸较大，平面复杂的建筑，如教学楼、医院、托幼建筑等。

4. 内框架承重

内框架承重即房屋内部采用柱、梁组成的内框架承重，四周采用墙承重，由墙和柱共同承受水平构件传来的荷载［（图 3.4（d）］。

混合承重方案适用于室内布置有较大空间的建筑，如餐厅、商场、综合楼等。

3.1.3 墙体设计要求

1. 总体要求

《民用建筑通用规范》（GB 55031—2022）规定，墙体应符合以下要求：

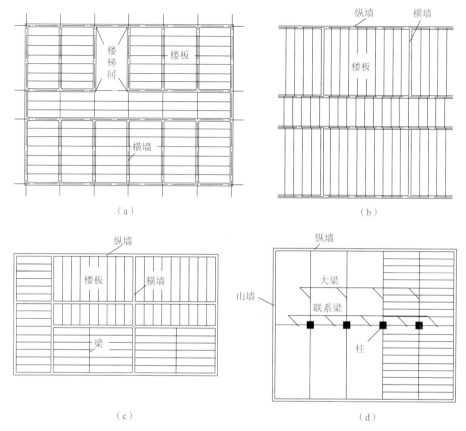

图 3.4　墙体承重方案
（a）横墙承重方案；（b）纵墙承重方案；（c）纵横墙混合承重；（d）墙与柱混合承重

（1）墙身应根据其在建筑物中的位置、作用和受力状态确定墙体厚度、材料及构造做法，材料的选择应因地制宜。

（2）外墙应根据当地气候条件和建筑使用要求，采取保温、隔热、隔声、防火、防水、防潮和防结露等措施，并应符合现行国家相关标准的规定。

2. 具体要求

（1）应具有足够的强度和稳定性。墙体的强度是指墙体承受荷载的能力。在确定墙体材料的基础上应通过结构计算来确定墙体的厚度，以满足强度的要求。墙体的稳定性与墙体的长度、高度、厚度有关，在墙体的长度和高度确定之后，一般可以采用增加墙体厚度，加设圈梁、壁柱、墙垛的方法增加墙体稳定性。

（2）满足热工方面的要求。热工主要考虑墙体的保温与隔热，建筑的外墙要求有足够的保温隔热能力。一般通过合理选取墙体构造和材料、避免热桥、避免墙体受潮产生冷凝水等方法，提高墙保温隔热性能。

（3）满足隔声的要求。为了使人们获得安静的工作和生活环境，提高私密性，避免相互干扰，墙体必须要有足够的隔声能力，并应符合现行国家有关隔声标准的要求。

（4）满足防火的要求。作为建筑墙体的材料及厚度，应满足防火规范中对燃烧性能和耐火极限的规定。当建筑的面积或长度较大时，应划分防火分区，以防止火灾蔓延。

（5）满足防水、防潮要求。对卫生间、厨房、实验室等用水房间及地下室的墙体应采取防水、防潮措施，可选用良好的防水材料及恰当的构造做法，以提高墙体的耐久性，保证室内有良好的卫生环境。

此外，墙体还应考虑建筑机械化和经济等方面的要求。

3.2 砌体墙

砌体墙是指用块体和砂浆通过一定的砌筑方法砌筑而成的墙体。块体一般包括砖和砌块。砂浆一般包括混合砂浆、水泥砂浆。砌体墙一般可分为砖墙和砌块墙。

3.2.1 砖墙

1. 材料

砖按材料分，可分为黏土砖、粉煤灰砖、灰砂砖、混凝土砖等；按制作工艺分，可分为烧结砖、蒸压砖等；按外观形状分，可分为普通实心砖、多孔砖和空心砖。多孔砖是指孔洞率不小于15%，孔的直径小、数量多，可以用于承重部位。空心砖是指孔洞率不小于15%，孔的尺寸大、数量少，可以用于非承重部位。

砖.PPT

各类砖的强度等级（砖的强度等级由其抗压强度和抗折强度确定）如下：

（1）烧结普通砖、烧结多孔砖的强度等级：MU30、MU25、MU20、MU15和MU10；

（2）蒸压灰砂普通砖、蒸压粉煤灰普通砖的强度等级：MU25、MU20和MU15；

（3）混凝土普通砖、混凝土多孔砖的强度等级：MU30、MU25、MU20和MU15；

（4）空心砖的强度等级：MU10、MU7.5、MU5和MU3.5。

知识链接

"十一五"以来，我国深入推进墙体材料革新，城市城区限制使用黏土制品，县城禁止使用实心黏土砖。大力提倡"因地制宜、就地取材，结合当地气候特点和资源禀赋，大力发展安全耐久、节能环保、施工便利的绿色建材"［《国务院办公厅关于转发发展改革委、住房城乡建设部绿色建筑行动方案的通知》（国办发〔2013〕1号）］，积极发展烧结空心制品、加气混凝土制品、多功能复合一体化墙体材料。

新型砌体结构材料.PPT

《砌体结构通用规范》（GB 55007—2021）指出：砌体结构材料应依据其承载性能、节能环保性能、使用环境条件合理选用。应推广应用以废弃砖瓦、混凝土块、渣土等废弃物为主要材料制作的块体。

2. 尺寸和组砌

普通砖规格为240 mm×115 mm×53 mm，砖的长、宽、厚之比为4∶2∶1（包括10 mm

宽灰缝）（图 3.5）。标准砖砌筑墙体时是以砖宽度的倍数，即 115+10=125（mm）为模数（图 3.6）。

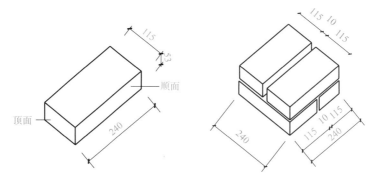

图 3.5 标准砖的尺寸关系

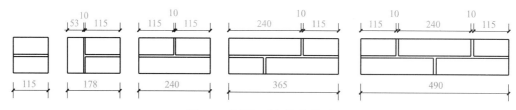

图 3.6 墙厚与砖规格的关系

砖墙的厚度尺寸见表 3.3。

表 3.3 砖墙的厚度尺寸

墙厚名称	1/4 砖	1/2 砖	3/4 砖	1 砖	1½ 砖	2 砖
构造尺寸	53	115	178	240	365	490
标志尺寸	60	120	180	240	370	490
习惯称呼	60 墙	12 墙 半砖墙	18 墙 3/4 砖墙	24 墙 一砖墙	37 墙 一砖半墙	49 墙 两砖墙

为了保证墙体的强度，砖砌体的砖缝必须横平竖直，灰浆饱满，错缝搭接，避免通缝。砖与砖之间搭接和错缝的距离一般不小于 60 mm。水平灰缝厚度和竖向灰缝宽度宜为 10 mm，但不应小于 8 mm，且不应大于 12 mm。

砖墙的组砌方式很多，常见的组砌方式有全顺式、一顺一丁式、梅花丁、多顺一丁式等，应上下错缝，内外搭砌，宜采用一顺一丁、梅花丁、三顺一丁。图 3.7 所示为砖墙的组砌名称，图 3.8 所示为砖墙的组砌方式。

240 砖墙.MP4　　370 砖墙.MP4

3.2.2 砌块墙

砌块墙是指用砌块和砂浆砌筑成的墙体，可作工业与民用建筑的承重墙和围护墙。

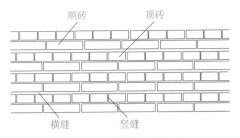

图 3.7　砖墙的组砌名称

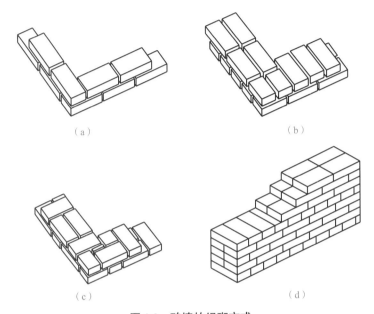

图 3.8　砖墙的组砌方式
（a）全顺式半砖墙；（b）上下皮一顺一丁式；（c）梅花丁式；（d）三顺一丁式

1. 材料

砌块包括普通混凝土砌块和轻集料混凝土砌块（图 3.9）。轻骨料混凝土砌块包括煤矸石混凝土砌块和孔洞率不大于 35% 的火山渣、浮石和陶粒混凝土砌块等。砌块是利用工业废料（煤渣、矿渣等）和地方材料制成的人造块材，用以替代普通黏土砖为砌墙材料。

图 3.9　砌块
（a）轻集料混凝土砌块；（b）普通混凝土空心砌块

承重结构混凝土砌块、轻骨料混凝土砌块的强度等级为 MU20、MU15、MU10、MU7.5 和 MU5。自承重墙的轻骨料混凝土砌块的强度等级为 MU10、MU7.5、MU5 和 MU3.5。

2. 规格和组砌

砌块按构造形式可分为实心砌块（无孔洞或孔洞率 <25%）和空心砌块（孔洞率 ≥ 25%）。根据质量和尺寸可分为小型砌块、中型砌块和大型砌块。小型砌块单块质量不超过 20 kg，尺寸较小，高度为 115 ~ 380 mm，常用尺寸是 190 mm × 190 mm × 390 mm，辅助块为 190 mm × 190 mm × 190 mm 和 190 mm × 190 mm × 90 mm 等。小型砌块使用较灵活，适应面广，可以用手工砌筑，施工条件完全与砖混结构一样，施工劳动量较大。中型砌块单块质量为 20 ~ 350 kg，高度为 380 ~ 980 mm，常见尺寸有 240 mm × 280 mm × 380 mm 和 240 mm × 580 mm × 380 mm。中型砌块采用轻便的中、小型起重运输设备施工，可提高劳动生产率。大型砌块高度大于 980 mm，质量大于 350 kg，质量较重，需要比较大型的调装设备，型号不多，施工效率高，但不如小型砌块灵活。

砌块墙的排列与组合在设计时，应给出砌块排列组合图，施工时按图进料和安装。砌块排列组合图一般有各层平面、内外墙立面分块图（图 3.10）。

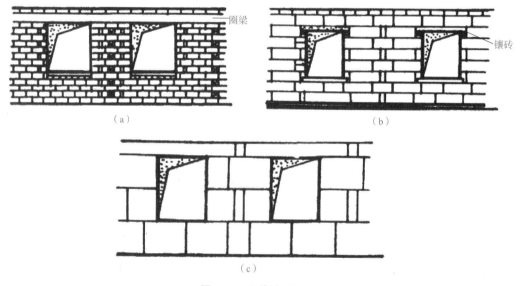

（a）　　　　　　　　　　　　　（b）

（c）

图 3.10　砌块墙的组合
（a）小型砌块排列；（b）中型砌块排列；（c）大型砌块排列

砌块墙的组合要求：排列整齐划一，上下避免通缝；上层砌块至少盖住下层砌块的 1/4；尽可能少镶砖；减少砌块种类。

砌筑要求：必须竖缝填灌密实，水平缝砌筑饱满，采用 M5 级砂浆，上下皮搭接长度超过 150 mm；在中型砌块两端设有封闭式灌浆槽，水平、竖直灰缝一般为 15 ~ 20 mm；搭接长度不足时增设钢筋网片（图 3.11）。《砌体结构通用规范》（GB 55007—2021）规定，干燥环境和潮湿环境下普通混凝土砌块和轻骨料混凝土砌块最低强度等级为 MU7.5，安全等级为一级或设计工作年限大于 50 年的结构，材料强度等级应至少提高一个等级。

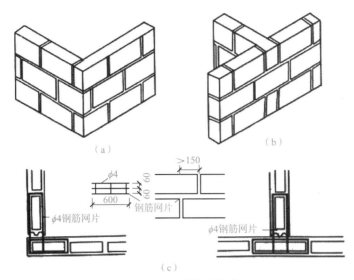

图 3.11　砌块墙的砌筑
（a）转角搭砌；（b）内外墙搭砌；（c）上下皮垂直缝 <150 mm 的处理

> **特别提示**
>
> 　　砌体结构不应采用非蒸压硅酸盐砖、非蒸压硅酸盐砌块及非蒸压加气混凝土制品。工程实践表明，由于非蒸压硅酸盐制品的最终水化生成物与蒸压制品相差较大，是导致建筑墙体劣化、影响建筑物耐久性的主要原因，甚至危及建筑物的使用安全。非蒸压加气混凝土制品由于缺少必要的养护工艺，制品的最终生成物耐久性差，将会给墙体带来安全隐患。

3.2.3　砂浆

　　砂浆是砖和砌块的胶结材料。常用的砂浆有水泥砂浆、石灰砂浆和混合砂浆。水泥砂浆由水泥、砂、水拌和而成，属于水硬性材料，强度高、防潮性能好，主要用于防潮和受力要求高的墙体中。石灰砂浆由石灰膏、砂和水搅拌而成，属于气硬性材料，强度低、防水性能差，但和易性好，主要用于次要的民用建筑的地上砌体。混合砂浆是由水泥、石灰膏、砂加水拌和而成的，强度高，保水性、和易性较好，被广泛用于地面以上砌体中。

砂浆 .PPT

　　为保证砌体结构的安全性，《砌体结构通用规范》（GB 55007—2021）规定砌筑砂浆的最低强度等级应符合：

（1）设计工作年限大于和等于 25 年的烧结普通砖和烧结多孔砖砌体应为 M5，设计工作年限小于 25 年的烧结普通砖和烧结多孔砖砌体应为 M2.5；

（2）蒸压加气混凝土砌块砌体应为 Ma5，蒸压灰砂普通砖和蒸压粉煤灰普通砖砌体应为 Ms5；

（3）混凝土普通砖、混凝土多孔砖砌体应为 Mb5；

（4）混凝土砌块、煤矸石混凝土砌块砌体应为 Mb7.5；

（5）配筋砌块砌体应为 Mb10；

（6）毛料石、毛石砌体应为 M5。

◎ 知识链接

中国传统建筑中一种常见的墙体结构是生土墙。生土墙墙身包含填土层、草层和夯土层。其中，填土层由本地化的土壤组成；草层由水稻秸秆和芦苇等植物构成；夯土层由填土和黏土等混合物夯实而成，厚度不小于 15 cm。生土墙具有良好的生态保护性、可持续性和经济性，实现了人与自然和谐共生。党的二十大报告提出：我们要推进美丽中国建设，坚持山水林田湖草沙一体化保护和系统治理，统筹产业结构调整、污染治理、生态保护、应对气候变化，协同推进降碳、减污、扩绿、增长，推进生态优先、节约集约、绿色低碳发展。

最接地气的
墙体工艺——
生土墙 .PPT

3.3　墙体的构造

3.3.1　墙体的细部构造

墙体的细部构造包括窗台、勒脚、散水、墙身防潮层、门窗过梁等。

1. 窗台

窗台位于窗洞口的下部（图 3.12），按窗子的安装位置可分为外窗台和内窗台。

（1）外窗台的作用主要是排水，有时也为满足建筑立面要求而作相应变化。外窗台应设不小于 5% 的坡度（向外），砖窗台的坡度在 10% 左右，以利于排水；坡度可以利用斜砌的砖形成，也可以由砖面抹灰形成。外窗台有悬挑和不悬挑两种（图 3.13）。悬挑窗台常用砖砌或采用预制钢筋混凝土，挑出的尺寸应不小于 60 mm。砖砌外窗台有平砌和侧砌两种，窗台的坡度可以利用斜砌的砖形成，也可以由砖面抹灰形成。悬挑外窗台应在下边缘做滴水，一般做宽度和深度均不小于 10 mm 的滴水线或滴水槽，以免排水时雨水沿窗台底面流至下部墙体。

图 3.12　窗台

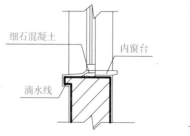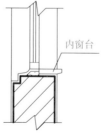

图 3.13　窗台做法

（2）内窗台一般为水平放置，采用预制水磨石板或预制混凝土板制作，也可结合室内装修做成各种形式。在寒冷地区室内如设暗装暖气，窗台下应预留凹龛，上部作内窗台。为了使暖气散发的热量形成向上的热风幕，阻隔室外冷空气的进入，通常在窗台板上设置长形散热孔。

2. 勒脚

勒脚是外墙接近室外地面的部分（图 3.14）。勒脚的作用是防止外界碰撞和地表水对墙脚的侵蚀，同时可增强建筑物的立面美观，因此要求勒脚坚固、防水和美观。

勒脚的高度一般应在 500 mm 以上，有时为了建筑立面形象的要求，可以把勒脚顶部提高至首层窗台处。

目前，勒脚通常采用密实度大的材料进行处理。常见的有水泥砂浆抹灰、水刷石、斩假石、贴面砖、贴天然石材等（图 3.15）。当墙体材料防水性能较差时，勒脚部分的墙体应当换用防水性能好的材料。

图 3.14　勒脚

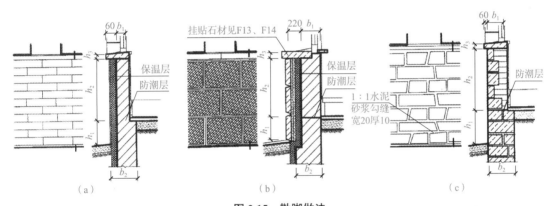

图 3.15　勒脚做法
（a）面砖饰面；（b）石板贴面；（c）料石饰面

3. 散水和明沟

散水是沿建筑物外墙靠近勒脚下部的水平排水坡（图 3.16）。散水的设置应符合下列要求：

（1）散水的宽度宜为 600 ～ 1 000 mm，当采用无组织排水时，散水的宽度可按檐口线放出 200 ～ 300 mm。根据《地下工程防水技术规范》（GB 50108—2008）规定，地下工程上的地面建筑物周围应做散水，宽度不宜小于 800 mm。

（2）散水的坡度宜为 3% ～ 5%，地下工程上的地面建筑物散水坡度宜为 5%。当散水采用混凝土时，宜按 20 ～ 30 m 间距设置伸缩缝。散水与外墙交接处宜设缝，缝宽为 20 ～ 30 mm，缝内应填柔性密封材料，如沥青胶泥，以防止渗水。

（3）散水面层可用水泥砂浆、混凝土、细石混凝土、花岗石、块石和细石混凝土嵌砌卵石等材料，混凝土面层厚度一般为 50 mm、细石混凝土面层厚度一般为 60 mm。面层下部做 150 mm

图 3.16　散水

厚垫层，垫层比面层宽 100 mm。季节性冰冻地区的散水还需在垫层下加设防冻胀层，其做法为选用砂石、炉渣石灰土等非冻胀材料，厚度可结合当地经验采用。

（4）当建筑物外墙周围有绿化要求时，散水不外露，需采用隐式散水，也称种植散水。具体做法是：散水设置在草坪及种植土的底部，上面覆土厚度不应大于 300 mm，采用 60 mm 厚 C20 混凝土；外墙饰面应至混凝土的下部，且应对墙身下部做防水处理，如刷 1.5 mm 厚的聚合物水泥防水涂料等，高度不宜小于负土层以上 300 mm；并设置耐根穿刺层，以防止草根对墙体的伤害（图 3.17）。

（5）湿陷性黄土地区散水应采用现浇混凝土，并应设置厚 150 mm 的 3∶7 灰土或 300 mm 厚的夯实素土垫层；垫层的外缘应超出散水和建筑外墙基底外缘 500 mm。散水坡度不应小于 5%，宜每隔 6 ～ 10 m 设置伸缩缝。散水与外墙交接处应设缝，其缝宽和散水的伸缩缝缝宽均宜为 20 mm，缝内应填柔性密封材料。

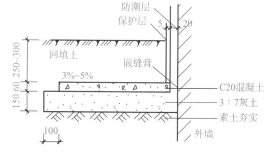

散水构造
做法 .PPT

图 3.17 隐式散水

明沟一般在降雨量较大的地区采用，布置在建筑物的四周（图 3.18）。其作用是将屋面下落的雨水引导至集水井，进入排水管道。明沟一般采用素混凝土浇筑，也可以用砖、石砌筑成 180 mm 宽、150 mm 深的沟槽，然后用水泥砂浆抹面。沟底应有不小于 1% 的纵向坡度，以保证排水通畅。

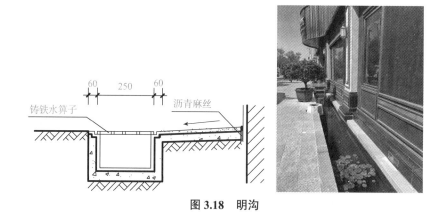

图 3.18 明沟

4. 墙身防潮层

在墙身中设置防潮层的目的是防止土壤中的水分沿基础墙上升和勒脚部位的地面水影响墙身。它的作用是提高建筑物的耐久性，保持室内干燥卫生。

砌筑墙体应在室外地面以上、位于室内地面垫层处设置连续的水平防潮层［图 3.19（a）、（b）］，以保证隔潮的效果。当墙基为混凝土、钢筋混凝土或石材时，可不设置水平防潮层。当室内地坪出现高差或室内地平低于室外地面时，为避免室内地坪较高一侧土壤或室外地面回填土中的水分侵入墙体，对有高差部分的垂直墙面，在填土一侧沿墙设置垂直防潮层［图 3.19（c）］。室内墙面有防潮要求时，其迎水面一侧应设置防潮层；室内墙面有防水要求时，其迎水面一侧应设置防水层。

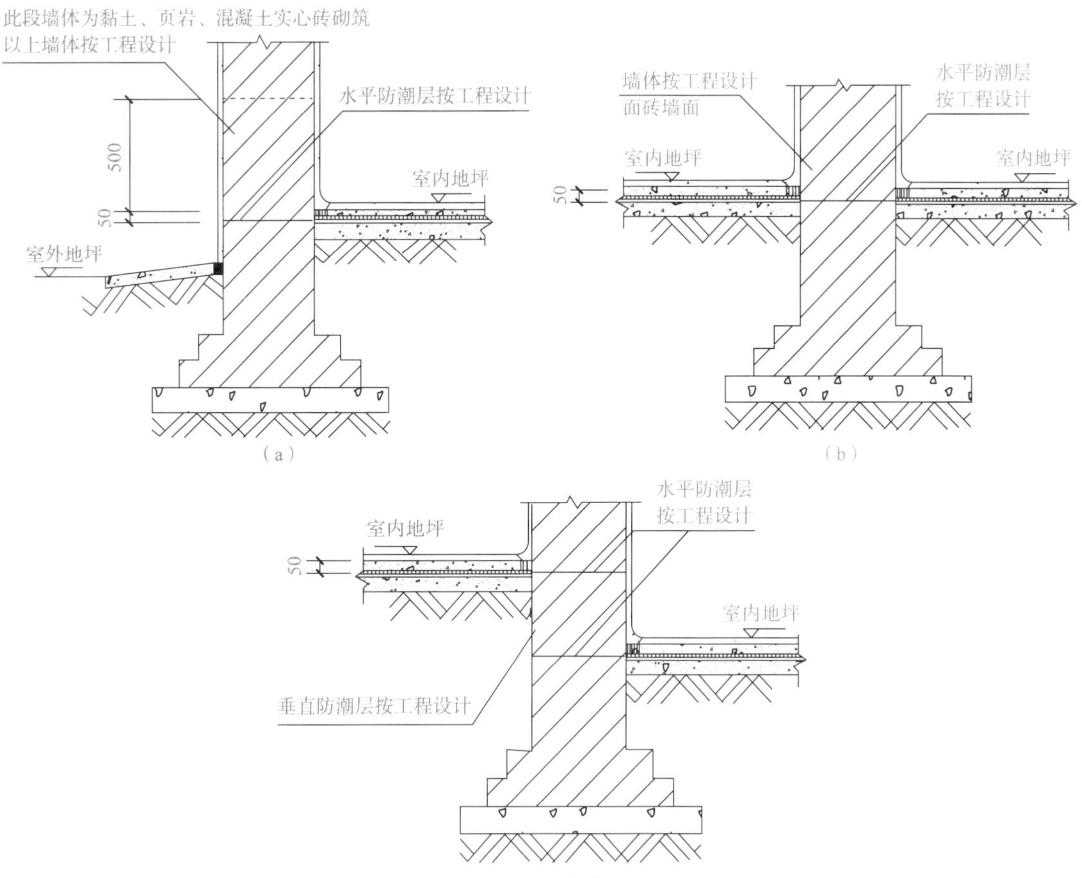

图 3.19 墙身防潮层的位置

（a）外墙防潮层；（b）内墙防潮层；（c）内墙（有高差）防潮层

防潮层采用的材料不应影响墙体的整体抗震性能，常用的材料类型如下：

（1）防水砂浆防潮层。具体做法一种是抹一层 20 mm 的 1∶2.5 水泥砂浆加水泥质量的 3% ～ 5% 防水粉拌和而成的防水砂浆；另一种是用防水砂浆砌筑 4 ～ 6 皮砖，位置在室内地坪上下（后者应慎用）。

（2）防水卷材防潮层。在防潮层部位先抹 20 mm 厚的砂浆找平层，然后干铺防水卷材一层或用热沥青粘贴一毡二油。防水卷材的宽度应与墙厚一致，或稍大一些。防水卷材沿长度铺设，搭接长度 100 mm。防水卷材防潮较好，但会使基础墙和上部墙身断开，减弱了砖墙的抗震能力，因此不适用于有抗震设防要求的建筑物墙体。

（3）混凝土防潮层。由于混凝土本身具有一定的防水性能，常把防水要求和结构做法合并考虑，在室内外地坪之间浇筑 60 mm 厚的 C20 混凝土防潮层，内放 3Φ6，Φ4@250 钢筋网片。

垂直防潮层做法：在墙体靠回填土一侧用 20 mm 厚 1∶2 水泥砂浆抹灰，涂冷底子油一道，再刷两遍热沥青防潮，也可以抹 25 mm 厚防水砂浆。另一侧墙面，最好使用水泥砂浆抹灰。

5. 过梁

当墙体上开设门、窗孔洞时，为了支承洞口上部砌体传来的荷载，并将这些荷载传递给洞口两侧的墙体，常在门窗洞口上设置横梁，即门窗过梁。常见的过梁主要有钢筋混凝土过梁、钢筋砖过梁和砖拱过梁三种。根据《砌体结构设计规范》（GB 50003—2011）规定，对有较大振动荷载或可能产生不均匀沉降的房屋，应采用混凝土过梁；当过梁的跨度不大于 1.5 m 时，可采用钢筋砖过梁；不大于 1.2 m 时，可采用砖砌平拱过梁。现在常采用钢筋混凝土过梁。

钢筋混凝土过梁按照施工方式可分为现浇和预制两种。过梁高度及配筋由计算确定，为施工方便，梁高应与砖的皮数相适应，通常情况下梁高取 60 mm 的整数倍。梁两端支承在墙上的长度不少于 240 mm，以保证足够的承压面积。其截面形式有矩形和 L 形两种（图 3.20）。矩形截面的过梁，多用于内墙或混水墙；L 形截面的过梁，多用于外墙与清水墙，尤其在寒冷地区，可防止过梁内壁产生冷凝水。

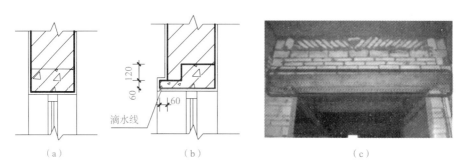

图 3.20　钢筋混凝土过梁
（a）矩形截面；（b）L 形截面；（c）钢筋混凝土过梁实例

钢筋砖过梁是在洞口顶部布置钢筋，与此处平砌砖组成加筋砖砌体，承受洞口上部墙体荷载的过梁［图 3.21（a）］。具体做法如下：

（1）在洞口顶支模板，模板中央略有起拱；

（2）模板上分上下两层铺水泥砂浆，砂浆强度不宜低于 M5，砂浆层总厚度不宜小于 30 mm，中间放直径不小于 5 mm 的钢筋，钢筋端部设弯钩向上，钢筋间距不宜大于 120 mm，伸入支座砌体内的长度不宜小于 240 mm；

（3）砂浆层上，按墙体砌筑形式与墙体同时砌砖，过梁截面计算高度内，砂浆强度不宜低于 M5；

（4）灰缝砂浆强度不低于设计强度的 75% 时，拆除过梁底部的模板及支架。

（a）　　　　　　　　　　　　（b）　　　　　　　　　　　　（c）

图 3.21　砖砌过梁
（a）钢筋砖过梁；（b）砖砌平拱过梁；（c）砖砌弧拱过梁

砖拱过梁有平拱［图 3.21（b）］和弧拱［图 3.21（c）］两种形式。根据《砌体结构工程施工质量验收规范》（GB 50203—2011）规定，砖砌体工程中砖拱过梁的灰缝应砌成楔形缝，拱底灰缝宽度不宜小于 5 mm，拱顶灰缝宽度不应大于 15 mm，拱体的纵向及横向灰缝应填实砂浆；平拱过梁拱脚下面应伸入墙内不小于 20 mm，梁底应有 1% 的起拱。砖砌平拱过梁用竖砖砌筑部分的高度不应小于 240 mm。

钢筋砖过梁和砖拱过梁都是砖砌过梁，多用于多层或单层砖砌体工程，砖拱过梁多用于清水墙建筑。砖砌过梁抗震性能较差，在建筑工程中已较少采用。

3.3.2 墙体的抗震构造

我国抗震贯彻"预防为主"的方针，建筑工程经过抗震设防后，达到减轻地震破坏、避免人员伤亡、减少经济损失的目的。根据《建筑与市政工程抗震通用规范》（GB 55002—2021）规定，砌体房屋应设置现浇钢筋混凝土圈梁、构造柱或芯柱。并规定，砌体结构房屋中的构造柱、芯柱、圈梁及其他各类构件的混凝土强度等级不应低于 C25。

安全第一
预防为主—抗震
构造措施 .PPT

1. 圈梁

圈梁是沿外墙四周及部分内墙水平设置的连续闭合的梁。圈梁可以增强楼层平面的整体刚度，防止地基不均匀下沉，与构造柱一起形成骨架，提高砌体结构的抗震能力。

根据《砌体结构通用规范》（GB 55007—2021）和《砌体结构设计规范》（GB 50003—2011）规定，圈梁应符合下列构造要求：

（1）圈梁宜连续地设在同一水平面上，并形成封闭状；当圈梁被门窗洞口截断时，应在洞口上部增设相同截面的附加圈梁。附加圈梁与圈梁的搭接长度不应小于其中到中垂直间距的 2 倍，且不得小于 1 m（图 3.22）。

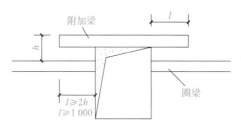

图 3.22　附加圈梁

（2）纵、横墙交接处的圈梁应可靠连接。

（3）混凝土圈梁的宽度宜与墙厚相同，当墙厚不小于 240 mm 时，其宽度不宜小于墙厚的 2/3，不应小于 190 mm，圈梁高度不应小于 120 mm。纵向钢筋配筋不应少于 4Φ12，绑扎接头的搭接长度按受拉钢筋考虑，箍筋间距不应大于 200 mm。

（4）圈梁兼作过梁时，过梁部分的钢筋应按计算面积另行增配。

混凝土砌块砌体房屋的圈梁，应符合下述构造要求：

圈梁的截面宽度宜取墙宽且不应小于 190 mm，配筋宜符合表 3.4 的要求，箍筋直径不小于 6；基础圈梁的截面宽度宜取墙宽，截面高度不应小于 200 mm，纵筋不应少于 4Φ14。

表 3.4　混凝土砌块房屋圈梁配筋要求

配筋	烈度		
	6、7	8	9
最小纵筋	4Φ10	4Φ12	4Φ14
箍筋最大间距 /mm	250	200	150

圈梁在建筑中往往不止设置一道，其数量应视墙体位置、建筑的高度、层数和抗震设防要求而定。对于多层砌体结构民用房屋，当层数为 3 层、4 层时，应在底层和檐口标高处各设置一道圈梁。当层数超过 4 层时，除应在底层和檐口标高处各设置一道圈梁外，至少应在所有纵、横墙上隔层设置，具体要求见表 3.5。

表 3.5　多层砖砌体房屋现浇钢筋混凝土圈梁设置要求

墙类	烈度		
	6、7	8	9
外墙和内纵墙	屋盖处及每层楼盖处	屋盖处及每层楼盖处	屋盖处及每层楼盖处
内横墙	同上； 屋盖处间距不应大于 4.5 m； 楼盖处间距不应大于 7.2 m； 构造柱对应部位	同上； 各层所有横墙，且间距不应大于 4.5 m； 构造柱对应部位	同上； 各层所有横墙

2. 构造柱

钢筋混凝土构造柱是从抗震角度考虑而设置的。多层砖混结构的建筑物的构造柱一般设置在建筑物的四角，内外墙交接处、楼梯间、电梯间及部分较长墙体的中部。根据《砌体结构设计规范》（GB 50003—2011）规定，多层砖砌体房屋构造柱的设置要求见表 3.6。

表 3.6　多层砖砌体房屋构造柱的设置要求

房屋层数				设置部位	
6 度	7 度	8 度	9 度		
≤五	≤四	≤三		楼、电梯间四角，楼梯斜梯段上下端对应的墙体处； 外墙四角和对应转角； 错层部位横墙与外纵墙交接处； 大房间内外墙交接处； 较大洞口两侧	隔 12 m 或单元横墙与外纵墙交接处； 楼梯间对应的另一侧内横墙与外纵墙交接处
六	五	四	二		隔开间横墙（轴线）与外墙交接处； 山墙与内纵墙交接处
七	六、七	五、六	三、四		内墙（轴线）与外墙交接处； 内墙的局部较小墙垛处； 内纵墙与横墙（轴线）交接处
注：较大洞口，内墙指不小于 2.1 m 的洞口；外墙在内外墙交接处已设置构造柱时允许适当放宽，但洞侧墙体应加强。					

多层砖砌体房屋的构造柱应符合下列构造要求：

（1）构造柱最小截面可采用180 mm×240 mm（墙厚190 mm时为180 mm×190 mm），纵向钢筋宜采用4Φ12，箍筋间距不宜大于250 mm，且在柱上下端应适当加密；6、7度时超过六层、8度时超过五层和9度时，构造柱纵向钢筋宜采用4Φ14，箍筋间距不应大于200 mm；房屋四角的构造柱应适当加大截面及配筋。

（2）构造柱与墙连接处应砌成马牙槎，沿墙高每隔500 mm设2Φ6水平钢筋和Φ4分布短筋平面内点焊组成的拉结网片或Φ4点焊钢筋网片，每边伸入墙内不宜小于1 m。6、7度时底部1/3楼层，8度时底部1/2楼层，9度时全部楼层，上述拉结钢筋网片应沿墙体水平通长设置（图3.23）。

（3）构造柱与圈梁连接处，构造柱的纵筋应在圈梁纵筋内侧穿过，保证构造柱纵筋上下贯通。

（4）构造柱可不单独设置基础，但应伸入室外地面下500 mm，或与埋深小于500 mm的基础圈梁相连。构造柱上部与楼层圈梁连接。如圈梁为隔层设置时，应在无圈梁的楼层设置配筋砖带。由于女儿墙的上部是自由端而且位于建筑的顶部，易受地震破坏。一般情况下，构造柱应当通至女儿墙顶部，并与钢筋混凝土压顶相连，而且女儿墙中的构造柱间距应当加密。

（5）当房屋高度和层数接近《建筑抗震设计规范（2016年版）》（GB 50011—2010）的限值时，横墙内的构造柱间距不宜大于层高的2倍；下部1/3楼层的构造柱间距适当减小；当外纵墙开间大于3.9 m时，应另设加强措施；内纵墙的构造柱间距不宜大于4.2 m。

砖墙构造柱施工时，应先绑扎构造柱钢筋，再砌砖墙，最后浇筑混凝土，这样做的好处是结合牢固，节省模板。构造柱的马牙槎应做到"五进五出"，即每300 mm高伸出60 mm，每300 mm高再收回60 mm（图3.24）。墙厚为360 mm时，外侧形成120 mm厚的保护墙。每层楼板的上下部和地梁上部、顶板下部的各500 mm处为构造柱的箍筋加密区，加密区的箍筋间距为100 mm。

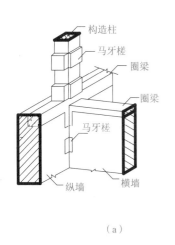

（a）

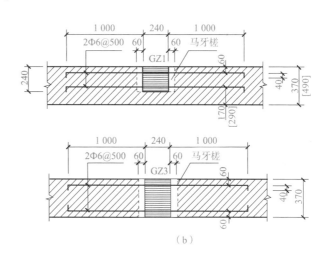

（b）

图3.23　构造柱构造
（a）构造柱；（b）一字墙构造柱

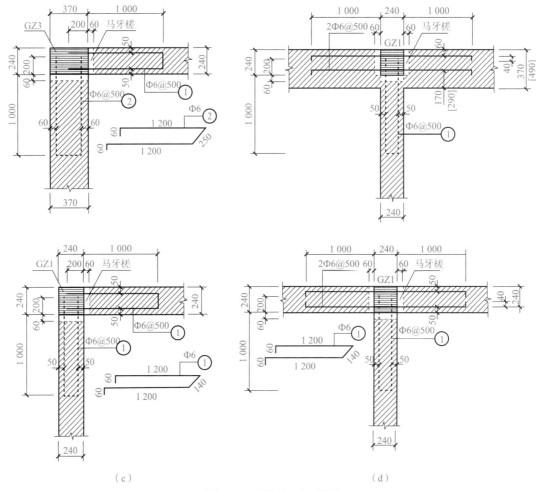

图 3.23　构造柱构造（续）

（c）转角墙构造柱；（d）丁字墙构造柱

砌块墙钢筋混凝土构造柱（图 3.25）应符合下列构造要求：

（1）构造柱截面不宜小于 190 mm × 190 mm，纵向钢筋宜采用 4Φ12，箍筋间距不宜大于 250 mm，且在柱上下端应适当加密；6、7 度时超过五层、8 度时超过四层和 9 度时，构造柱纵向钢筋宜采用 4Φ14，箍筋间距不应大于 200 mm；外墙转角的构造柱可适当加大截面及配筋。

（2）构造柱与砌块墙连接处应砌成马牙槎。与构造柱相邻的砌块孔洞，6 度时宜填实，7 度时应填实，8、9 度时应填实并插筋。构造柱与砌块墙之间沿墙高每隔 600 mm 设置 Φ4 点焊拉结钢筋网片，并应沿墙体水平通长设置。6、7 度时底部 1/3 楼层，8 度时底部 1/2 楼层，9 度全部楼层。上述拉结钢筋网片沿墙高间距不大于 400 mm。

（3）构造柱与圈梁连接处，构造柱的纵筋应在圈梁纵筋

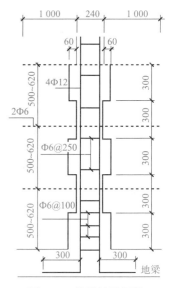

图 3.24　构造柱马牙槎

内侧穿过，保证构造柱纵筋上下贯通。

（4）构造柱可不单独设置基础，但应伸入室外地面下 500 mm，或与埋深小于 500 mm 的基础圈梁相连。

图 3.25　砌块墙构造柱

当墙体材料选用空心混凝土砌块时，将钢筋插入上下贯通的砌块孔洞中，浇入混凝土就形成构造柱（图 3.26）。

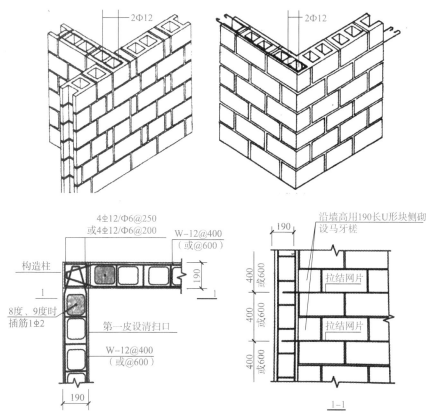

图 3.26　空心混凝土砌块墙构造柱节点

设置钢筋混凝土构造柱的小砌块墙体，应按绑扎钢筋、砌筑墙体、支设模板、浇灌混凝土的施工顺序进行。按照《混凝土小型空心砌块建筑技术规程》（JGJ/T 14—2011），墙体与构造柱连接处应砌成马牙槎，从每层柱脚开始，先退后进。槎口尺寸为长 100 mm、高

200 mm。墙、柱间的水平灰缝内应按设计要求埋置 $\Phi4$ 点焊钢筋网片。构造柱两侧模板应紧贴墙面，不得漏浆。柱模底部应预留 100 mm × 200 mm 清扫口。构造柱纵向钢筋的混凝土保护层厚度宜为 20 mm，且不应小于 15 mm。构造柱混凝土浇灌前，应清除砂浆等杂物并浇水湿润模板，然后先注入与混凝土成分相同不含粗骨料的水泥砂浆 50 mm 厚，再分层浇灌、振捣混凝土，直至完成。由于小砌块马牙槎较大，凹形槎口的腋部混凝土不易密实，故浇灌、振捣构造柱混凝土时要引起注意，应振捣密实。

3. 芯柱

芯柱是在混凝土小型空心砌块墙体中对孔砌筑的竖向孔洞内浇灌混凝土形成的混凝土柱，竖向孔洞内不插钢筋称素混凝土芯柱，竖向孔洞内插钢筋称钢筋混凝土芯柱。芯柱能够增加混凝土小型空心砌块砌体房屋的整体性和延性，提高其抗震能力。芯柱设置部位和数量见表 3.7。

表 3.7　多层小砌块房屋芯柱设置要求

房屋层数				设置部位	设置数量
6 度	7 度	8 度	9 度		
四、五	三、四	二、三	—	外墙转角，楼、电梯间四角，楼梯斜梯段上下端对应的墙体处； 大房间内外墙交接处； 错层部位横墙与外纵墙交接处； 隔 12 m 或单元横墙与外墙交接处	外墙转角，灌实 3 个孔； 内外墙交接处，灌实 4 个孔； 楼梯斜梯段上下端对应的墙体处，灌实 2 个孔
六	五	四	—	同上； 隔开间横墙（轴线）与外纵墙交接处	
七	六	五	二	同上； 各内墙（轴线）与外纵墙交接处； 内纵墙与横墙（轴线）交接处和洞口两侧	外墙转角，灌实 5 个孔； 内外墙交接处，灌实 4 个孔； 内墙交接处，灌实 4 ~ 5 个孔； 洞口两侧各灌实 1 个孔
—	七	≥六	≥三	同上； 横墙内芯柱间距不大于 2 m	外墙转角，灌实 7 个孔； 内外墙交接处，灌实 5 个孔； 内墙交接处，灌实 4 ~ 5 个孔； 洞口两侧各灌实 1 个孔
注：外墙转角、内外墙交接处、楼电梯间四角等部位，应允许采用钢筋混凝土构造柱替代部分芯柱。					

根据《建筑抗震设计规范（2016 年版）》（GB 50011—2010）规定，多层小砌块房屋的芯柱，应符合下列构造要求（图 3.27）：

（1）小砌块房屋芯柱截面不宜小于 120 mm × 120 mm。

（2）芯柱混凝土强度等级，不应低于 Cb20。

（3）芯柱的竖向插筋应贯通墙身且与圈梁连接；插筋不应小于 1Φ12，6、7 度时超过五层、8 度时超过四层和 9 度时，插筋不应小于 1Φ14。

（4）芯柱应伸入室外地面下 500 mm 或与埋深小于 500 mm 的基础圈梁相连。

（5）为提高墙体抗震受剪承载力而设置的芯柱，宜在墙体内均匀布置，最大净距不宜大于 2.0 m。

（6）多层小砌块房屋墙体交接处或芯柱与墙体连接处应设置拉结钢筋网片，网片可采用直径4 mm的钢筋点焊而成，沿墙高间距不大于600 mm，并应沿墙体水平通长设置。6、7度时底部1/3楼层，8度时底部1/2楼层，9度时全部楼层。上述拉结钢筋网片沿墙高间距不大于400 mm。

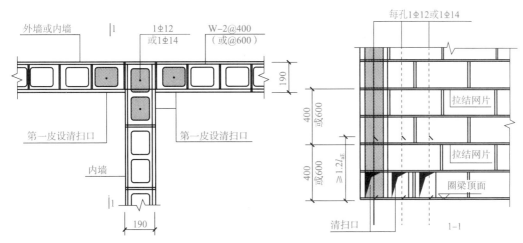

图3.27　芯柱的构造

4. 砌体房屋层高要求

考虑抗震设计的砌体结构房屋，其层高应符合下列要求：

（1）多层砌体结构房屋的层高，不应超过3.6 m（当使用功能确有需要时，采用约束砌体等加强措施的普通砖房屋，层高不应超过3.9 m）；底部框架–抗震墙砌体房屋的底部，层高不应超过4.5 m；当底层采用约束砌体抗震墙时，底层的层高不应超过4.2 m。

（2）配筋混凝土空心砌块抗震墙房屋的层高，底部加强部位（不小于房屋高度的1/6且不小于底部二层的高度范围）的层高（房屋总高度小于21 m时取一层），一、二级不宜大于3.2 m，三、四级不应大于3.9 m；其他部位的层高，一、二级不应大于3.9 m，三、四级不应大于4.8 m。

3.3.3　墙体的节能构造

为满足人民群众美好生活的向往，建筑物迈向"更舒适、更节能、更高质量、更好环境"是大势所趋。我国1986—2016年建筑节能30%、50%、65%的"三步走"战略目标，截至"十二五"末已基本完成。在2016年执行的节能设计标准的基础上，《建筑节能与可再生能源利用通用规范》（GB 55015—2021）提出新建居住建筑和公共建筑平均设计能耗水平"应分别降低30%和20%"的要求，不同气候区平均节能率应符合下列规定：

建筑热工
分区.PPT

（1）严寒和寒冷地区居住建筑平均节能率应为75%；

（2）除严寒和寒冷地区外，其他气候区居住建筑平均节能率应为65%；

（3）公共建筑平均节能率应为72%。

墙体的节能构造根据不同气候区域的热工要求分为墙体保温和墙体隔热两种构造。墙体的节能关键是墙体阻止热量传出的能力和防止在墙体表面和内部产生凝结水的能力。

1. 墙体保温构造

《民用建筑热工设计规范》（GB 50176—2016）指出，提高墙体热阻值可采取下列措施：

（1）采用轻质高效保温材料与砖、混凝土、钢筋混凝土、砌块等主墙体材料组成复合保温墙体构造；

（2）采用低导热系数的新型墙体材料；

（3）采用带有封闭空气间层的复合墙体构造设计。

外贴保温材料布置在维护结构靠低温的一侧，密度大、蓄热系数也大的材料布置在靠高温的一侧。这是因为保温材料密度小，孔隙多，其导热系数小，则每小时所能吸收或散出的热量也少；而蓄热系数大的材料布置在内侧，就会使外表面材料热量的少量变化对内表面温度的影响甚微，因而保温能力较好。当前，我国重点推广的是外保温做法。

近些年较为提倡的是采用轻质高效保温材料与砖、混凝土、钢筋混凝土、砌块等主墙体材料组成复合保温墙体构造的做法。这类外墙外保温构造常用的保温材料有 EPS 板（模塑聚苯板、膨胀聚苯板）、XPS 板（挤塑聚苯板）、胶粉聚苯颗粒保温浆料、EPS 钢丝网架板和硬泡聚氨酯板等。根据《外墙外保温工程技术标准》（JGJ 144—2019），以 EPS 板为例，介绍外墙外保温构造（图 3.28）。外墙由基层、EPS 板保温层、薄抹灰层和饰面涂层组成。建筑物高度在 20 m 以上或受负风压较大作用的部位，EPS 板宜使用锚栓固定。EPS 板宽不宜大于 1 200 mm，高度不宜大于 600 mm。黏结时，涂胶面积不宜小于 EPS 板面积的 40%，薄抹灰层的厚度为 3 ～ 6 mm。保温板应按顺砌方式粘贴，竖缝应逐行错缝。墙角处保温板应交错互锁。门窗洞口四角处保温板不得拼接，应采用整块保温板切割成型。

外墙外保温
构造 .MP4

《外墙外保温建筑构造》（10J121）指出：EPS 板（模塑聚苯板）的最小厚度为 30 mm；XPS 板（挤塑聚苯板）、PUR 板（硬泡聚氨酯板）的最小厚度为 20 mm；外墙外保温施工期间及完工后 24 h 内，基层及环境空气温度应不低于 0 ℃，平均气温不低于 5 ℃，夏季应避免阳光暴晒；在 5 级以上大风天气和雨天不得施工。

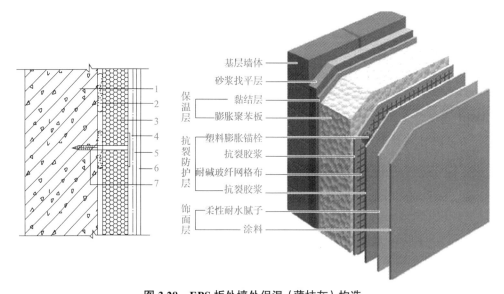

图 3.28　EPS 板外墙外保温（薄抹灰）构造
1—基层；2—胶粘剂；3—EPS 板；4—玻纤网；5—薄抹面层；6—饰面涂层；7—锚栓

EPS 板、XPS 板和胶粉聚苯颗粒保温浆料等材料的燃烧性能多为 B_1、B_2 级，是难燃材料和可燃材料。采用难燃和可燃保温材料的建筑外墙被引燃后会导致火势沿建筑立面蔓延。2015 年，住房和城乡建设部发布《保温防火复合板应用技术规程》（JGJ/T 350—2015），推广新型保温材料——保温防火复合板在新建、扩建、改建民用建筑中使用。

保温防火复合板是指通过在不燃保温材料表面复合不燃防护层，或在难燃保温材料表面包覆不燃防护面层，而制成的具有保温隔热及阻燃功能的预制板材，简称复合板。复合板可分为无机型保温防火复合板和有机型保温防火复合板两类。无机型保温防火复合板是以岩棉、发泡陶瓷、泡沫玻璃、泡沫混凝土、无机轻骨料等不燃无机板材为保温材料的复合板（图 3.29），简称无机复合板；有机型保温防火复合板是以聚苯乙烯泡沫板、聚氨酯硬泡板、酚醛泡沫板等难燃有机高分子板材为保温材料的复合板（图 3.30），简称有机复合板。

图 3.29　岩棉复合保温版

图 3.30　硬泡聚氨酯复合保温板

构造做法：保温防火复合板应由依附于基层墙体的界面层、找平层、黏结层、复合板、抹面层和饰面层构成。复合板外墙外保温系统的基层应是钢筋混凝土、混凝土多孔砖、混凝土空心砌块、烧结多孔砖、加气混凝土砌块等材料外墙。复合板与基层墙体的连接应采用粘锚结合的固定方式，并以粘贴为主。当基层墙体的表面状况满足外墙保温设计要求时，可不做界面层和找平层；抹面层中应内置玻纤网增强，饰面层材料宜为涂料或饰面砂浆。固定有机复合板的锚栓宜设置在玻纤网内侧，固定无机复合板的锚栓宜设置在玻纤网外侧。对于首层及加强部位，固定复合板的锚栓均应设置在两层玻纤网之间。锚栓进入混凝土基层的有效锚固深度不应小于 30 mm，进入其他实心砌体基层的有效锚固深度不应小于 50 mm，对于空心砌块、多孔砖等砌体宜采用回拧打结型锚栓。位于外墙阳角、门窗洞口周围及檐口下的复合板，应加密设置锚栓，间距不宜大于 300 mm，锚栓距基层墙体边缘不宜小于 60 mm。以复合板薄抹灰保温系统为例，基本构造如图 3.31 所示。

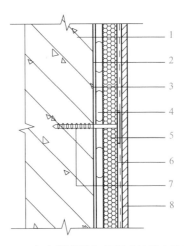
图 3.31　复合板薄抹灰保温系统基本构造
1—基层墙体；2—界面层；3—找平层；4—黏结层；
5—无饰面复合板；6—抹面层（内置玻纤网）；
7—锚栓；8—饰面层

2. 防火隔离带

为保证民用建筑外墙外保温工程的防火安全，在可燃、难燃保温材料外墙外保温工程中，设置按水平方向分布，采用不燃保温材料制成、以阻止火灾沿外墙面或在外墙外保温系统内蔓延的防火构造，即防火隔离带。

《建筑外墙外保温防火隔离带技术规程》（JGJ 289—2012）规定，建筑外墙外保温防火隔离带保温材料的燃烧性能等级应为 A 级。设置在薄抹灰外墙外保温系统中的粘贴保温板防火隔离带做法宜按表 3.8 的要求。

表 3.8　粘贴保温板防火隔离带做法

序号	防火隔离带保温板及宽度	外墙外保温系统保温材料及厚度	系统抹灰层平均厚度
1	岩棉带，宽度 ≥ 300 mm	EPS 板，厚度 ≤ 120 mm	≥ 4.0 mm
2	岩棉带，宽度 ≥ 300 mm	XPS 板，厚度 ≤ 90 mm	≥ 4.0 mm
3	发泡水泥板，宽度 ≥ 300 mm	EPS 板，厚度 ≤ 120 mm	≥ 4.0 mm
4	泡沫玻璃板，宽度 ≥ 300 mm	EPS 板，厚度 ≤ 120 mm	≥ 4.0 mm

防火隔离带的宽度不应小于 300 mm，厚度宜与外墙外保温系统厚度相同，应与基层墙体全面积粘贴。防火隔离带保温板应使用锚栓辅助连接，锚栓应压住底层玻璃纤维网布，锚栓间距不应大于 600 mm，锚栓距离保温板端部不应小于 100 mm，每块保温板上的锚栓数量不应少于 1 个。当采用岩棉带时，锚栓的扩压盘直径不应小于 100 mm。防火隔离带和外墙外保温系统应使用相同的抹面胶浆，且抹面胶浆应将保温材料和锚栓完全覆盖。抹面层应加底层玻璃纤维网布，底层玻璃纤维网布垂直方向超出防火隔离带边缘不应小于 100 mm；水平方向可对接，对接位置距离防火隔离带保温板端部接缝位置不应小于 100 mm。当面层玻璃纤维网布上下有搭接时，搭接位置距离隔离带边缘不应小于 200 mm。防火隔离带构造如图 3.32 和图 3.33 所示。

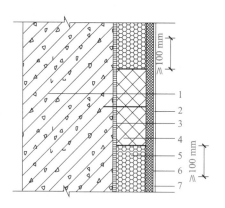

图 3.32　防火隔离带网格布垂直方向搭接
1—基层墙体；2—锚栓；3—胶粘剂；
4—防火隔离带保温板；
5—外墙外保温系统的保温材料；
6—抹面胶浆 + 玻璃纤维网布；7—饰面材料

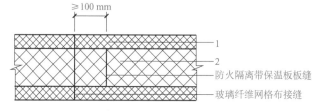

图 3.33　防火隔离带网格布水平方向对接
1—底层玻纤网格布；2—防火隔离带保温板

3. 墙体隔汽构造

墙体在内表面或外表面产生凝结水现象是由于水蒸气渗透遇冷后而产生的。

由于冬季室内空气温度和绝对湿度都比室外高，因此，在围护结构的两侧存在着水蒸气分压力差。水蒸气分子由压力高的一侧向压力低的一侧扩散，这种现象称为蒸汽渗透。材料遇水后，导热系数增大，保温能力会大大降低。为避免凝结水的产生，一般采取控制室内相对湿度、提高围护结构热阻和设置隔汽层的做法。室内相对湿度是空气的水蒸气分压力与最大水蒸气分压力的比值。一般以 30% ～ 40% 为极限，住宅建筑的相对湿度以 40% ～ 50% 为佳。

外墙隔汽层应设置在水蒸气渗透路径的来路方向一侧，即保温层的高温一侧。如冬季保温外墙的隔汽层应设置在保温层内侧，而冷库或冷藏室的屋面和外墙隔汽层则应设置于保温层的外侧，以阻止水蒸气进入墙体。隔汽层常采用卷材、防水涂料或薄膜等材料。

4. 墙体隔热构造

外墙隔热可采用下列措施：

（1）宜采用浅色外饰面。

（2）可采用通风墙、干挂通风幕墙等。

外墙隔热.PPT

（3）设置封闭空气间层时，可在空气间层平行墙面的两个表面涂刷热反射涂料、贴热反射膜或铝箔。当采用单面热反射隔热措施时，热反射隔热层应设置在空气温度较高一侧。

（4）采用复合墙体构造时，墙体外侧宜采用轻质材料，内侧宜采用重质材料。

（5）可采用墙面垂直绿化及淋水被动蒸发墙面等。

（6）提高围护结构的热惰性指标。

（7）西向墙体可采用高蓄热材料与低热传导材料组合的复合墙体构造。

3.4 隔墙

建筑物内分隔室内空间的非承重墙称为隔墙。隔墙的质量由楼地层或小梁承担，可以提高建筑平面布局的灵活性和适应建筑功能变化的要求。

3.4.1 隔墙的构造要求

（1）自重轻，有利于减轻楼板的荷载。

（2）为了增加室内的有效使用面积，在满足一定的强度和稳定性的情况下，隔墙的厚度应尽量薄些。

（3）隔墙应具有良好的隔声、耐火、防潮、防水性能。

（4）由于建筑在使用过程中可能会对室内空间进行调整和重新划分，隔墙应便于拆卸。

（5）隔墙应采取抗震措施，与主体结构可靠连接。

3.4.2 块材隔墙

块材隔墙是用普通砖、空心砖、加气混凝土砌块等块材砌筑而成的，常用的有半砖隔墙和加气混凝土砌块隔墙。

1. 半砖隔墙

半砖隔墙用115宽普通砖顺砌，砌筑砂浆采用M2.5或M5。当砌筑砂浆为M2.5时，墙的高度不宜超过3.6 m，长度不宜超过5 m；当采用M5砂浆砌筑时，高度不宜超过4 m，长度不宜超过6 m。由于隔墙的厚度较薄，稳定性较差，构造上要求隔墙与承重墙或柱间须连接牢固，一般沿高度每隔500 mm砌入2Φ6钢筋，且沿高度每隔1 200 mm设一道30 mm厚水泥砂浆层（内配2Φ6钢筋）（图3.34）。

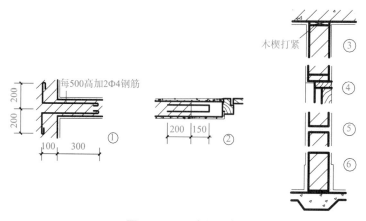

图3.34　1/2砖砌隔墙

2. 加气混凝土砌块隔墙

加气混凝土是一种轻质多孔的建筑材料（图3.35）。它具有密度小、保温效能高、吸声好、尺寸准确和可加工、可切割的特点。在建筑工程中采用加气混凝土制品可降低房屋自重，提高建筑物的功能，节约建筑材料，减少运输量，降低造价。

加气混凝土砌块的厚度为75 mm、100 mm、125 mm、150 mm、200 mm，长度为500 mm。砌筑加气混凝土砌块时，应采用1:3水泥砂浆，并考虑错缝搭接。砌块吸水性较强，砌筑时应在墙下先砌3～5皮烧结空心砖。为保证加气混凝土砌块隔墙的稳定性，应预先在其连接的墙上留出拉结筋，并伸入隔墙中。钢筋数量应符合相关抗震设计规范的要求，具体做法同120 mm厚砖隔墙（图3.36）。

图3.35　加气混凝土砌块隔墙

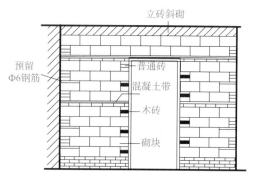

图3.36　砌块隔墙

加气混凝土隔墙上部必须与楼板或梁的底部顶紧，最好加木楔；如果条件许可，可以加在楼板的缝内以保证其稳定。

3.4.3　骨架隔墙

骨架隔墙是指在隔墙龙骨两侧安装墙面板以形成墙体的轻质隔墙。这一类墙主要是由龙骨作为受力骨架固定在建筑主体结构上。目前大量应用的轻钢龙骨石膏板隔墙就是典型的骨架隔墙。龙骨骨架中根据隔声或保温设计要求可以设置填充材料，根据设备安装要求安装一些设备管线等。龙骨常见的有轻钢龙骨系列、其他金属龙骨及木龙骨。墙面板常见的有纸面石膏板、人造木板、防火板、金属板、水泥纤维板以及塑料板等。这种隔墙具有自重轻、占地小、表面装饰较方便的特点。

1. 龙骨的安装

（1）轻钢龙骨。按弹线位置固定沿地、沿顶龙骨及边框龙骨，龙骨的边线应与弹线重合（图 3.37）。

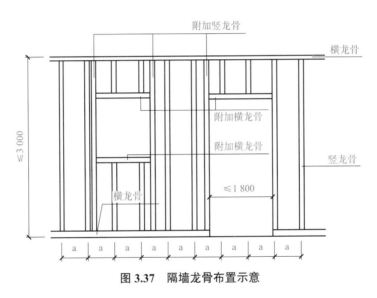

图 3.37　隔墙龙骨布置示意

龙骨的端部应安装牢固，龙骨与基体的固定点间距应不大于 1 m。安装竖向龙骨应垂直。竖向龙骨间距与面材宽度（900 mm 或 1 200 mm 宽）有关：一般为 300 mm、400 mm 或 600 mm（应保证每块面板由 3 根竖向龙骨支撑）；最大间距为 600 mm；潮湿房间和钢板网抹灰墙，龙骨间距不宜大于 400 mm。安装支撑龙骨时，应先将支撑卡安装在竖向龙骨的开口方向，卡距宜为 400～600 mm，距龙骨两端的距离宜为 20～25 mm。安装贯通系列龙骨时，低于 3 m 的隔墙安装一道，3～5 m 的隔墙安装两道。饰面板横向接缝处不在沿地、沿顶龙骨上时，应加横撑龙骨固定。龙骨与结构主体的连接如图 3.38 所示。

（2）木龙骨。木龙骨的横截面面积及纵、横向间距应符合设计要求。一般每隔 400 mm 或 600 mm 架竖向龙骨，龙骨截面为 50 mm×50 mm 或 50 mm×100 mm，沿高度方向每隔 1 500 mm 左右设一斜撑或横撑以增加骨架刚度。斜撑或横撑截面尺寸等于或小于竖向龙骨尺寸。骨架钉在两侧预埋的防腐木砖上。骨架横、竖龙骨宜采用开半榫、加胶、加钉连接。安装饰面板前应对龙骨进行防火处理。

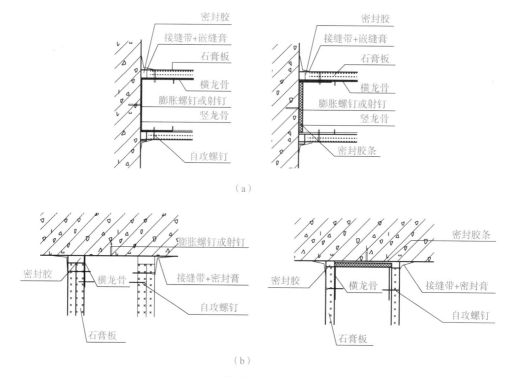

（a）

（b）

图 3.38　龙骨与主体结构的链接
（a）竖龙骨与墙（柱）的连接；（b）横龙骨与顶板的连接

骨架隔墙在安装饰面板前应检查骨架的牢固程度及墙内设备管线、填充材料的安装是否符合设计要求，如有不符合处应采取措施。

2. 饰面板的安装

（1）纸面石膏板的安装。石膏板宜竖向铺设，长边接缝应安装在竖龙骨上（图3.39）。隔墙为防火墙时，石膏板应竖向铺设；曲面墙所用石膏板宜横向铺设。

龙骨两侧的石膏板及龙骨一侧的双层板的接缝应错开，不得在同一根龙骨上接缝。轻钢龙骨应用自攻螺钉固定，木龙骨应用木螺钉固定。沿石膏板周边钉，间距不得大于 200 mm；板中钉，间距不得大于 300 mm。螺钉与板边距离应为 10～15 mm（图3.40）。安装石膏板时应从板的中部向板的四边固定。钉头略埋入板内，但不得损坏纸面。

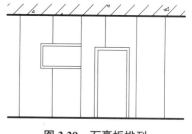

图 3.39　石膏板排列

钉眼应进行防锈处理。石膏板与周围墙或柱应留有 3 mm 的槽口，以便进行防开裂处理。施工时，先在槽口处加注嵌缝膏；然后铺板，挤压嵌缝膏，使其与邻近表层紧密接触。石膏板隔断以丁字形或十字形相接时，阴角处应用腻子嵌满，贴上接缝带；阳角处应做护角。

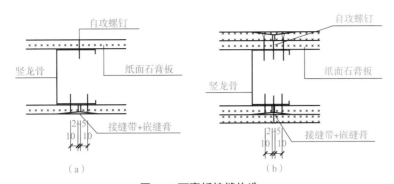

图 3.40 石膏板接缝构造
（a）单层石膏板；（b）双层石膏板

轻钢龙骨石膏板隔墙的限制高度为墙厚的 30 倍左右，隔声隔墙的限制高度为墙厚的 20 倍左右。单排龙骨隔墙高度为 3～5.5 m，双排龙骨隔墙高度为 3.25～6 m。

曲面隔墙应根据曲面要求将沿地、沿顶龙骨切锯成锯齿形，固定在顶面和地面上，然后按较小的间距（一般为 150 mm）排竖向龙骨。装板时，在曲面的一端加以固定，然后轻轻地逐渐向板的另一端，向骨架方向推动，直到完成曲面为止（石膏板宜横铺）。

纸面石膏板的厚度一般为 9 mm、12 mm，不宜用作潮湿房间的隔墙。对于潮湿房间的内隔墙应采用耐水石膏板，底部应做墙垫并在石膏板的下端嵌密封膏，缝宽不小于 5 mm。除采取相应的防水措施外，卫生间、厨房等潮湿部位还应做 C20 细石混凝土条基，板面涂刷防水涂料（图 3.41）。

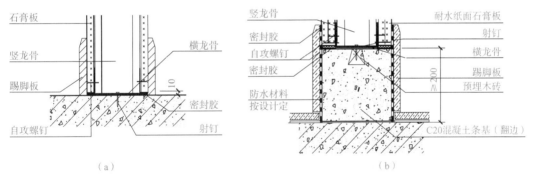

图 3.41 隔墙底部构造
（a）无防潮要求；（b）有防潮要求

轻钢龙骨纸面石膏板隔墙的燃烧性能是不燃性（A 级），耐火极限为 0.33～4 h，单层中空做法时最小；增加石膏板层数、换用防火或耐火石膏板及在中空处填岩棉可提高其耐火极限。

轻钢龙骨纸面石膏板隔墙表面为一般装修时，石膏板宜使用整板；如需对接时，应靠紧，但不得强压就位。安装防火墙石膏板时，石膏板不得固定在沿顶、沿地龙骨上；应另设横撑龙骨加以固定。

（2）胶合板的安装。胶合板安装前应对板背面进行防火处理。轻钢龙骨应采用自攻螺钉固定。木龙骨采用圆钉固定时，钉距宜为 80～150 mm，钉帽应砸扁；采用钉枪固定时，钉距宜为 80～100 mm。阳角处宜做护角。胶合板用木压条固定时，固定点间距不应大于 200 mm。

3.4.4 板材隔墙

板材隔墙是指不需设置隔墙龙骨，由隔墙板材自承重，将预制或现制的隔墙板材直接固定于建筑主体结构上的隔墙。目前这类轻质隔墙的应用范围很广，使用的隔墙板材通常分为复合板材、单一材料板材、空心板材等类型。常见的隔墙板材如金属夹芯板、预制或现制的钢丝网水泥板、石膏夹芯板、石膏水泥板、石膏空心板、泰柏板（舒乐舍板）、增强水泥聚苯板（GRC板）、加气混凝土条板、水泥陶粒板等。板材隔墙是采用在构件生产厂家生产的轻质板材，在现场装配而成的隔墙。这种隔墙装配性好，属干作业施工，施工速度快，防火性能好，但价格偏高。

板材隔墙中的板材不依附于骨架，可直接拼装，如图3.42所示。

当单层条板隔墙采取接板安装且在限高以内时，竖向接板不宜超过一次，且相应条板接头位置应至少错开300 mm。条板对接部位应设置连接件或定位钢卡，做好定位加固和防裂处理。当抗震设防地区条板隔墙安装长度超过6 m时，应设置构造柱并采取加固措施。当非抗震设防地区条板隔墙安装长度超过6 m时，沿隔墙长度方向，可在板与板之间间断处设置伸缩缝，且接缝处应使用柔性黏结材料处理，或者加设拉结筋，或采用全墙面粘贴纤维板格布、无纺布或挂钢丝网抹灰处理。条板应竖向排列，排列应采用标准板，当隔墙端部尺寸不足一块标准板时可采用补板，且补板宽度不应小于200 mm。条板隔墙下端与楼地面结合处已预留安装空隙，且预留空隙在40 mm及40 mm以下的填入1∶3水泥砂浆；40 mm以上的填入干硬性稀释混凝土。条板隔墙构造如图3.43所示。

图3.42 板材隔墙施工

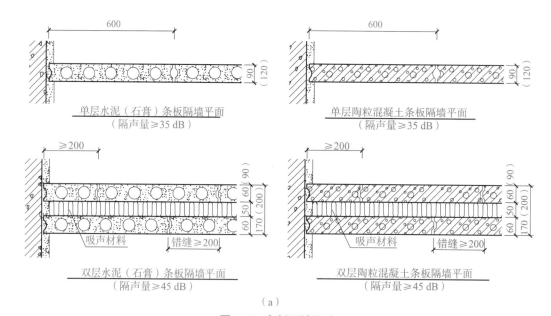

（a）

图3.43 条板隔墙构造
（a）单、双层隔墙平面图

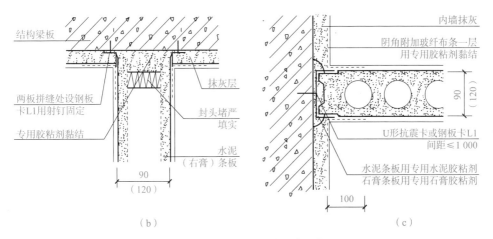

图 3.43 条板隔墙构造（续）

（b）条板与梁板结构连接；（c）条板与主体墙连接

3.5 玻璃幕墙

玻璃幕墙是指由支承结构体系与玻璃面板组成的、相对主体结构有一定位移能力、不分担主体结构所受作用的建筑外围护结构或装饰结构（图 3.44）。

根据《民用建筑通用规范》（GB 55031—2022）规定，建筑幕墙应综合考虑建筑类别、使用功能、高度、所在地域的地理气候、环境等因素，合理选择幕墙形式和面板材料，并应符合以下要求：

图 3.44 玻璃幕墙

（1）具有承受自重、风、地震、温度作用的承载能力和变形能力，且应便于制作安装、维护保养及局部更换面板等构件；

（2）应满足建筑需求的水密、气密、保温隔热、隔声、采光、耐撞击、防火、防雷等性能要求；

（3）幕墙与主体结构的连接应牢固可靠，与主体结构的连接锚固件不应直接设置在填充砌体中；

（4）幕墙外开窗的开启扇应采取防脱落措施；

（5）玻璃幕墙的玻璃面板应采用安全玻璃，斜幕墙的玻璃面板应采用夹层玻璃；

（6）超高层建筑的幕墙工程应设置幕墙维护和更换所需的装置；

（7）外倾斜、水平倒挂的石材或脆性材质面板应采取防坠落措施。

3.5.1 玻璃幕墙的特点

玻璃幕墙在建筑方面，具有质量轻、采光好、装饰效果好、节能的特点；在加工安装方面，具有安装快捷、方便更换，能够实现设计标准化、加工工厂化、施工机械化的特点。

玻璃幕墙能够将建筑外围护墙的防风、遮雨、保温、隔热、防噪声等使用功能与建筑装饰功能有机融合为一体。

3.5.2　玻璃幕墙的组成

玻璃幕墙主要由玻璃、骨架和密封材料三部分组成。

1. 骨架材料

（1）型材骨架：型钢、铝型材、不锈钢型材。

（2）紧固件：铆钉、射钉、螺栓、膨胀螺杆。

（3）连接件：角钢、槽钢、钢板。

2. 玻璃材料

玻璃幕墙常用的玻璃有吸热玻璃、夹层玻璃、夹丝玻璃、浮法透明玻璃、中空玻璃、钢化玻璃等。墙体有单层和双层玻璃两种。双层玻璃的保温、隔声效果较好。各种玻璃的特点如下：

（1）浮法玻璃具有两面平整、光洁的特点，比一般平板玻璃光学性能优良。

（2）热反射玻璃（镜面玻璃）能通过反射掉太阳光中的辐射热而达到隔热目的。

（3）镜面玻璃能映照附近景物和天空，可产生丰富的立面效果。

（4）吸热玻璃的特点是能使可见光透过而限制带热量的红外线通过，其价格适中，应用较多。

（5）中空玻璃具有隔声和保温的功能效果。

（6）钢化玻璃强度是普通玻璃的 3～4 倍，破碎时分裂成很多小的没有锐角的碎片，不伤人，故为安全玻璃。

（7）夹层玻璃为中间放置一层或多层聚乙烯醇缩丁醛（PVB）胶片，当遭受外力破坏后只产生裂痕但不会碎落，具有良好的隔声和防紫外线的功能。

3. 密封材料

（1）填充材料：聚乙烯泡沫胶系、聚苯乙烯泡沫胶系、氯丁二烯胶。

（2）密封固定材料：橡胶密封条。

（3）防水密封材料：聚硫橡胶封缝材料、硅酮封缝材料。

3.5.3　玻璃幕墙的类型与构造

1. 框支式玻璃幕墙

框支式玻璃幕墙按照幕墙形式可分为明框玻璃幕墙、隐框玻璃幕墙两种。

（1）明框玻璃幕墙。明框玻璃幕墙是金属框架构件显露在外表面的玻璃幕墙（图 3.45）。

它以特殊断面的铝合金型材为框架，玻璃面板全嵌入型材的凹槽内。其特点在于铝合金型材本身兼有骨架结构和固定玻璃的双重作用。其基本构造如图 3.46 所示。

图 3.45　明框玻璃幕墙

（a）

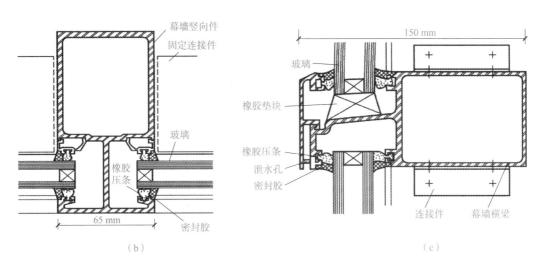

图 3.46　明框玻璃幕墙构造

（a）明框玻璃幕墙构造实物；（b）玻璃与竖梃组合；（c）玻璃与横梁组合

（2）隐框玻璃幕墙。隐框玻璃幕墙的金属框隐蔽在玻璃的背面，室外看不见金属框。隐框玻璃幕墙可分为全隐框玻璃幕墙（图 3.47）和半隐框玻璃幕墙两种，半隐框玻璃幕墙可以是横明竖隐〔图 3.48（a）〕，也可以是竖明横隐〔图 3.48（b）〕。

图 3.47　全隐框玻璃幕墙建筑

图 3.48　半隐框玻璃幕墙

（a）横明竖隐；（b）竖明横隐

隐框玻璃幕墙的玻璃是用硅酮结构密封胶黏结在铝框上，铝框用机械方式固定在骨料上，其构造如图 3.49 所示。玻璃与铝框之间完全靠结构胶黏结，由于结构胶会受玻璃自重和风荷载、地震等外力作用及温度变化的影响，因而结构胶的性能及打胶质量是隐框玻璃幕墙安全性的关键环节。

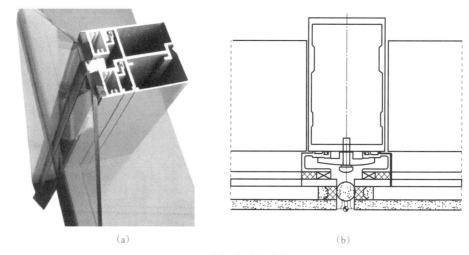

（a）   （b）

图 3.49　隐框玻璃幕墙的构造
（a）隐框玻璃构造实物；（b）构造图

框支式玻璃幕墙按照施工方法可以分为单元式玻璃幕墙和构件式玻璃幕墙。

（1）单元式玻璃幕墙：是将面板和金属框架在工厂组装为幕墙单元，以幕墙单元形式在现场完成安装施工［图 3.50（a）］。

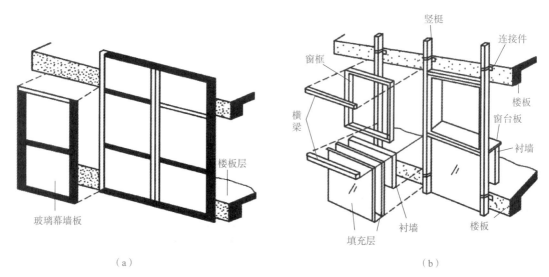

（a）   （b）

图 3.50　框支式玻璃幕墙
（a）单元式玻璃幕墙；（b）构件式玻璃幕墙

（2）构件式玻璃幕墙：是在现场依次安装竖梃、横梁和玻璃面板［图 3.50（b）］。

框支式玻璃幕墙的构造连接主要指玻璃与金属型材的连接（图 3.51、图 3.52），竖梃与竖梃、横梁、主体的连接（图 3.53）。

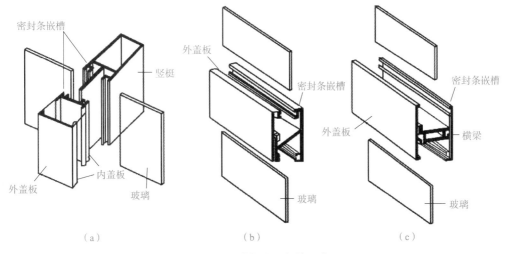

图 3.51　玻璃与金属框的组合
（a）竖梃；（b）横梁之一；（c）横梁之二

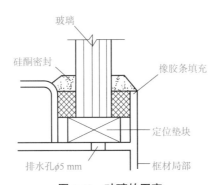

图 3.52　玻璃的固定

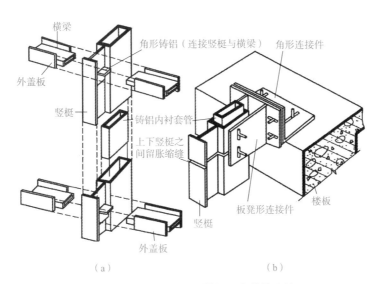

图 3.53　竖梃与竖梃、横梁、主体的连接
（a）竖梃与横梁的连接；（b）竖梃与楼板的连接

2. 全玻式玻璃幕墙

全玻式玻璃幕墙主要由玻璃肋和玻璃面板构成，是大片玻璃与支承框架均为玻璃的幕墙，又称玻璃框架玻璃幕墙，是一种全透明、全视野的玻璃幕墙。一般有座地式（落地式）和吊挂式两类。玻璃肋全玻幕墙的大片玻璃与玻璃框架在层高较低时，玻璃安装在下部的镶嵌槽内，上部镶嵌槽槽底与玻璃之间留有伸缩的空隙，即为座地式玻璃幕墙（图3.54）。当层高较高时，由于玻璃较高、长细比较大，如玻璃安装在下部的镶嵌槽内，玻璃自重会使玻璃变形，导致玻璃破坏，在大片玻璃与玻璃框架上部设置专用夹具，将玻璃吊挂起来，下部镶嵌槽槽底与玻璃之间留有伸缩的空隙，这就是吊挂式玻璃幕墙（图3.55）。全玻璃幕墙多用于建筑物的裙楼、橱窗、走廊，并适用于展示室内陈设或游览观景。

（a）　　　　　　　　　　　　　　（b）

图3.54　座地式玻璃幕墙构造
（a）实物图；（b）构造图

大片玻璃支承在玻璃框架上的形式有后置式、骑缝式、平齐式、突出式等。

（1）后置式：玻璃翼（脊）置于大片玻璃的后部，用密封胶与大片玻璃黏结成一个整体［图3.56（a）］。

（2）骑缝式：玻璃翼部位于大片玻璃的接缝处，用密封胶将三块玻璃连接在一起，并将两块大玻璃之间的缝隙密封［图3.56（b）］。

（3）平齐式：玻璃翼（脊）位于两块大玻璃之间，玻璃翼的一侧与大片玻璃表面平齐，玻璃翼与两块大玻璃之间用密封胶黏结并密封［图3.56（c）］。

（4）突出式：玻璃翼（脊）位于两块大玻璃之间，两侧均突出大片玻璃表面，玻璃翼与大片玻璃之间用密封胶黏结并密封［图3.56（d）］。

图3.55　吊挂式玻璃幕墙构造实物

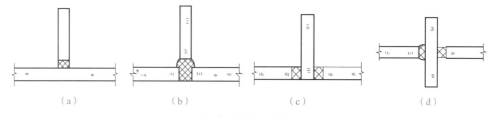

（a）　　　　　（b）　　　　　（c）　　　　　（d）

图3.56　大片玻璃与玻璃框架的连接
（a）后置式；（b）骑缝式；（c）平齐式；（d）突出式

吊挂式玻璃幕墙上部玻璃夹具如图 3.57 所示。

图 3.57　玻璃夹具

3. 点支式玻璃幕墙

点支式玻璃幕墙由玻璃面、驳接组件和支承结构组成。驳接组件包括驳接头和驳接爪（图 3.58）。

（a）　　　　　　　　　　　（b）

图 3.58　驳接组件
（a）驳接头；（b）驳接爪

按支承结构的不同方式可分为钢桁架点式玻璃幕墙、拉杆点式玻璃幕墙、拉索点式玻璃幕墙。

（1）钢桁架点式玻璃幕墙。钢桁架点式玻璃幕墙是采用钢结构为支撑受力体系的玻璃幕墙，所用的钢结构可以是圆钢管钢杠，也可以是鱼腹式钢铰支桁架或其他形式铰支桁架。钢结构上安装钢爪，面板玻璃四角开孔，钢爪上的紧固件穿过面板玻璃上的孔，紧固后将玻璃固定在钢爪上（图 3.59）。此结构选材灵活、施工简单。

（2）拉杆点式玻璃幕墙。拉杆点式玻璃幕墙是不锈钢拉杆柔性支承结构代替刚性桁架结构，采用预应力双层拉杆结构（图 3.60）。玻璃通过金属连接件与其固定。在建筑中充分运用机械加工的精度，使构件均为受拉杆件，因此，施工时要加以预应力，这种柔接可降低震动时玻璃的破损率。其基本构造如图 3.61 所示。

图 3.59　钢桁架点式玻璃幕墙

图 3.60　拉杆点式玻璃幕墙

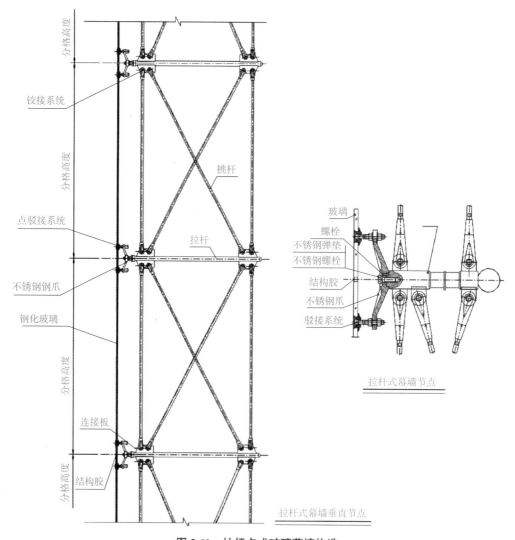

图 3.61　拉杆点式玻璃幕墙构造

（3）拉索点式玻璃幕墙。拉索点式玻璃幕墙是不锈钢索柔性支承结构代替刚性桁架结构。其基本构造如图 3.62 所示。

图 3.62　拉索点式玻璃幕墙驳组件连接构造实物

3.6　墙面装修

墙体装饰工程包括建筑物外墙饰面和内墙饰面两大部分。不同的墙面有不同的使用和装饰要求，应根据不同的使用和装饰要求选择相应的材料、构造方法和施工工艺，以达到设计的实用性、经济性和装饰性。

3.6.1　墙面装修的作用与分类

1. 墙体装修的作用

（1）保护墙体，提高墙体的耐久性。
（2）改善和提高墙体的使用功能。
（3）美化环境，丰富建筑的艺术形象。

2. 墙体装修的分类

按装修部位的不同，墙体装修可分为室外装修和室内装修两类。室外装修用于外墙表面，对建筑物起保护和美化作用。外墙面要经受风、霜、雨、雪等的侵蚀，因而外墙装修要选用强度高、耐久性好、抗冻性及抗腐蚀性好的材料。室内装修的选用根据使用要求综合考虑。

墙体装修按施工方式的不同可分为抹灰类、贴面类、铺钉类、涂料类和裱糊类等。

3.6.2　墙体装修构造

1. 抹灰类

为保证抹灰平整、牢固，避免龟裂、脱落，抹灰应分层进行，每层不宜太厚。各种抹灰层的厚度应视基层材料的性质、所选用的砂浆种类和抹灰质量的要求而定。抹灰类饰面一般应由底层、中间层、面层三部分组成（图 3.63）。

抹灰墙面 .PPT

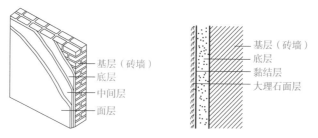

图 3.63　墙面抹灰构造

底层抹灰：其作用是保证饰面层与墙体连接牢固及初步找平，厚度为 5 ～ 15 mm。墙体基层的材料不同，底层处理的方法也不相同。普通砖墙常用石灰砂浆和混合砂浆；混凝土墙采用混合砂浆和水泥砂浆；板条墙用麻刀石灰浆或纸筋石灰砂浆。另外，对温度较大的房间或有防水、防潮要求的墙体，底灰选用水泥砂浆或水泥混合砂浆。

中间层抹灰：其作用主要为找平与黏结，还可弥补底层砂浆的干缩裂缝。根据墙体平整度与饰面质量要求，中间层可以一次抹成，也可以分多次抹成，用料一般与底层相同。厚度一般为 5 ～ 10 mm。

面层抹灰：其作用主要起装饰作用，要求表面平整、色彩均匀、无裂纹，可以做成光滑或粗糙等不同质感的表面。根据面层所用材料的不同，抹灰装修的类型较多，常见抹灰的具体构造做法见表 3.9。

表 3.9　墙面抹灰做法举例

抹灰名称	做法说明	适用范围
纸筋灰（麻刀灰）墙面（一）	喷（刷）内墙涂料 2 厚纸筋灰罩面 8 厚 1：3 石灰砂浆 13 厚 1：3 石灰砂浆打底	砖基层的内墙
纸筋灰（麻刀灰）墙面（二）	喷（刷）内墙涂料 2 厚纸筋灰罩面 8 厚 1：3 石灰砂浆 6 厚 TG 砂浆打底扫毛，配比 水泥：砂：TG 胶：水 =1：6：0.2：适量 涂刷 TG 胶浆一道，配比：TG 胶：水：水泥 =1：4：1.5	加气混凝土基层的内墙
混合砂浆墙面	喷内墙涂料 5 厚 1：0.3：3 水泥石灰混合砂浆面层 15 厚 1：1：6 水泥石灰混合砂浆打底找平	内墙
水泥砂浆墙面（一）	6 厚 1：2.5 水泥砂浆罩面 9 厚 1：3 水泥砂浆刮平扫毛 10 厚 1：3 水泥砂浆打底扫毛或划出纹道	砖基层的外墙或有防水要求的内墙
水泥砂浆墙面（二）	6 厚 1：2.5 水泥砂浆罩面 6 厚 1：1：6 水泥石灰砂浆刮平扫毛 6 厚 2：1：8 水泥石灰砂浆打底扫毛 喷一道 108 胶水溶液，配比：108 胶：水 =1：4	加气混凝土基层的外墙

抹灰名称	做法说明	适用范围
水刷石 墙面（一）	8 厚 1 : 1.5 水泥石子（小八厘） 刷素水泥浆一道（内掺水重 3% ～ 5% 108 胶） 12 厚 1 : 3 水泥砂浆扫毛	砖基层外墙
水刷石 墙面（二）	8 厚 1 : 1.5 水泥石子（小八厘） 刷素水泥浆一道（内掺水重 3% ～ 5% 108 胶） 6 厚 1 : 1 : 6 水泥石灰砂浆刮平扫毛 6 厚 2 : 1 : 8 水泥石灰砂浆打底扫毛	加气混凝土 基层的外墙
水磨石墙面	10 厚 1 : 1.25 水泥石子罩面 刷素水泥浆一道（内掺水重 3% ～ 5% 108 胶） 12 厚 1 : 3 水泥砂浆打底扫毛	墙裙、踢脚等处

抹灰墙面施工如图 3.64 所示。

图 3.64 抹灰墙面施工

为防止墙体下段遭碰撞或在有防水要求的内墙下段，须做墙裙对墙身进行保护（图 3.65）。常用的做法有水泥砂浆抹灰、贴瓷砖、水磨石、油漆等。墙裙的高度一般为 1.5 m。另外，对室内墙面、柱面和门窗洞口的阳角处，须做 2 m 高 1 : 2 水泥砂浆护角（图 3.66）。

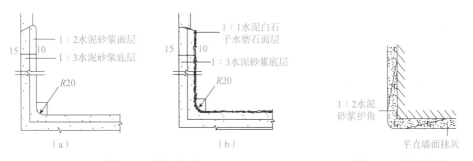

图 3.65 墙裙构造
（a）水泥砂浆墙裙；（b）水磨石墙裙

图 3.66 护角做法

室外墙面抹灰面积较大，饰面材料易因干缩或冷缩而开裂产生裂缝，常在抹灰面层做分格（即分格缝），这既是构造上的需要，也有利于日后的维修工作，且可使建筑物获得良好的尺度感。分块的大小应与建筑立面处理相结合，分格缝设置不宜过窄或过浅，缝宽以不小于 20 mm 为宜。抹灰面设缝的方式有凸线、凹线、嵌线三种，其形式如图 3.67 所示。

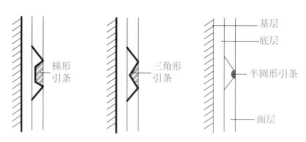

图 3.67　墙面引条线脚做法

2. 贴面类

贴面类饰面指采用各种人造板或天然石板直接粘贴于墙面或通过构造连接固定于墙面的一种饰面装修。贴面类装修具有坚固耐用、色泽稳定、易清洗、耐腐蚀、防水、装饰效果丰富等优点，可用于室内外墙体。常见的贴面材料有面砖、瓷砖、陶瓷马赛克、水磨石板、水刷石板等人造板材，以及大理石板、花岗岩板等天然板材。但这类饰面铺贴技术要求高，有的品种存在块材色差和尺寸误差大的缺点，质量较低的釉面砖还存在釉层易脱落等缺点。

贴面墙面 .PPT

（1）面砖、瓷砖、陶瓷马赛克墙面装修。面砖多数是以陶土为原料，压制成型后经 1 100 ℃ 左右高温煅烧而成的。面砖一般用于装饰等级要求较高的工程（图 3.68）。常见面砖有釉面砖、无釉面砖、仿花岗岩瓷砖等。无釉面砖俗称外墙面砖，具有质地坚硬、强度高、吸水率低的优点，主要用于高标准建筑外墙饰用。釉面砖有白色、彩色、带图案、印花及各种装饰釉面砖等，具有表面光滑、容易擦洗、美观耐用、吸水率低等特点，主要用于高标准建筑的内、外墙面，厨房、卫生间的墙裙贴面及室内需经常擦洗的部位（图 3.69）。面砖不仅用于墙饰面也可用于地面，又称为地砖。面砖的规格、色彩品种繁多，常采用 75 mm × 150 mm、150 mm × 150 mm、145 mm × 113 mm、233 mm × 113 mm、265 mm × 113 mm 等几种规格，厚度为 5 ～ 17 mm，陶土无釉面砖较厚，为 13 ～ 17 mm，瓷土釉面砖较薄，为 5 ～ 7 mm。一般面砖背面留有凹凸纹路，以有利于面砖粘贴牢固。

图 3.68　面砖饰面

图 3.69　面砖装修施工

面砖饰面的构造做法：面砖安装前，先将墙面清洗干净，然后将面砖放入水中浸泡，贴前取出晾干或擦干。面砖安装时，先抹 15 厚 1∶3 水泥砂浆打底找平，再抹 5 厚 1∶1 水泥细砂砂浆粘贴面层制品。镶贴面砖需留出缝隙，面砖的排列方式和接缝大小对立面有一定影响，通常有横铺、竖铺、错开排列等几种方式。

锦砖按设计图纸要求在工厂反粘在标准尺寸为 325 mm × 325 mm 的牛皮纸上，施工时将纸面朝外整块粘贴在 1∶1 水泥细砂砂浆上，用木板压平，待砂浆硬结后，洗去牛皮纸即可。

（2）天然石材和人造石材饰面。常见的天然石材有花岗岩板、大理石板两类。具有强度高、结构密实、不易污染、装修效果好等优点。但由于加工复杂、价格高，多用于高级墙面装修。

人造石板一般由白水泥、彩色石子、颜料等配制而成，具有天然石材的花纹和质感，同时有质量轻、表面光洁、色彩多样、造价较低等优点，常见的有水磨石、仿大理石板等。

天然石材和人造石材的安装方法相同，有湿作业法和干挂法两种。

① 湿作业法是先在墙内或柱内预埋 Φ6 钢筋或 U 形构件，中距 500 mm 左右，上绑 Φ6 ~ Φ10 纵横向钢筋，形成钢筋网。在石板上下钻小孔，用双股 16 号钢丝绑扎固定在钢筋网上。上、下两块石板用不锈钢卡销固定。板与墙面之间预留 20 ~ 30 mm 缝隙，上部用定位活动木楔做临时固定，校正无误后，在板与墙之间浇筑 1∶3 水泥砂浆，待砂浆初凝后，取掉定位活动木楔，继续上层石板的安装。此方法由于石材背面需灌注砂浆易造成基底透色，板缝砂浆污染等缺点。图 3.70 所示为天然石板安装图。

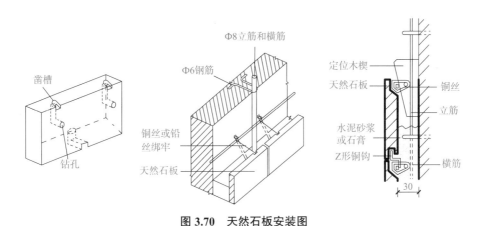

图 3.70　天然石板安装图

② 干挂法是用不锈钢型材或连接件将板块支托并锚固在墙面上，连接件用膨胀螺栓固定在墙面上，上、下两层之间的间距等于板块的高度。板块上的凹槽应在板厚中心线上，且应和连接件的位置相吻合（图 3.71）。

3. 铺钉类

罩面板类饰面是指用木板、木条、竹条、胶合板、纤维板、石膏板、石棉水泥板、玻璃和金属薄板等材料制成的各类饰面板。通过镶、钉、拼贴等方法构成的墙面装修。这类饰面是一种传统做法，但也是新发展起来的饰面

铺钉墙面.PPT

工艺方法。它具有湿作业量少、饰面耐久性好、装饰效果丰富的优点，目前在装饰行业得到广泛采用。

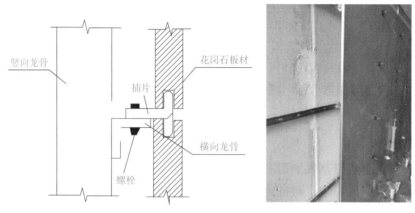

图 3.71　干挂石材墙面

　　构造做法：在墙体或结构主体上首先固定龙骨骨架，形成饰面板的结构层，然后利用粘贴、紧固件连接、嵌条定位等手段，将饰面板安装在骨架上，形成各类饰面板的装饰面层。有的饰面板还需要在骨架上先设垫层扳（如纤维板、胶合板等），再装饰面板，这要根据饰面板的特性和装饰部位来确定（图 3.72）。

4. 涂料类

　　涂料类墙面装修是将各种涂料敷于基层表面而制成牢固的膜层，从而起到保护和装饰墙面的作用。涂刷墙面可直接涂刷在基层上，也可以涂刷在抹灰层上。其施工方式有刷涂、弹涂、喷涂、滚涂等，可形成不同的质感效果（图 3.73）。

涂料墙面 .PPT

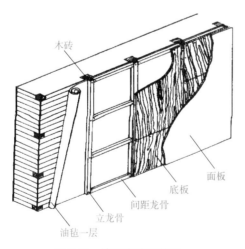

图 3.72　铺钉类墙面装修

图 3.73　喷涂

　　涂料按其成膜物的不同，可分为无机和有机涂料两大类。

　　（1）无机涂料：常用的无机涂料有石灰浆、大白浆、水泥浆等。近年来无机高分子建筑涂料不断出现，已成功地运用于内、外墙面的装修中。

（2）有机涂料：根据其成膜物质和稀释剂的不同，可分为溶剂型涂料、水溶性涂料和乳胶涂料。

① 溶剂型涂料是以高分子合成树脂为主要成膜物质，有机溶剂为稀释剂，加入一定量的颜料、配料和辅料配制而成的一种挥发性涂料；其具有较好的耐水性和耐候性，但施工时会挥发出有害气体，污染环境。

② 水溶性涂料：无毒无味，具有一定的透气性，但耐久性差，多用作内墙涂料。

③ 乳胶涂料：又称乳胶漆，多用于外墙饰面，具有无毒无味、不易燃烧和不污染等特点。

5. 裱糊类

裱糊类装修是将各种装饰性的壁纸、墙布、织锦等卷材类装饰材料裱糊在墙面上的一种装修饰面。材料和花色品种繁多，常用的装饰材料有 PVC 塑料壁纸、复合壁纸、玻璃纤维墙布等。

裱糊墙面.PPT

在裱糊工程中，基层涂抹的腻子应坚实牢固，不会粉化、起皮和裂缝。为取得基层平整效果，通常在清洁的基层上用胶皮刮板刮腻子数遍。刮腻子的遍数视基层的情况而定。抹完最后一遍腻子时应打磨，光滑后再用软布擦净。对有防潮或防水要求的墙体，应对基层做防潮处理，在基层涂刷均匀防潮底漆。墙面应采用整幅裱糊，预排对花拼缝。不足一幅的应裱糊在较暗或不明显的部位。裱糊的顺序为先上后下、先高后低，应使饰面材料的长边对准基层上弹出的垂直准线，用刮板或胶辊赶平压实。阴阳转角处应垂直，且棱角分明无接缝。

复习页

一、填空题

1. 墙体的三大作用是_____、_____、_____。

2. 普通砖的尺寸是____ × ____ × ____。

3. 墙作为建筑的_____构件时，起着抵御自然界各种因素对室内侵袭的作用。

4. 抹灰装修层一般由_____、_____、_____三个层次组成，各层抹灰不宜过厚，外墙抹灰总厚不宜超过_____ mm，内墙抹灰总厚不宜超过_____ mm。

5. 为了使砖墙牢固，砖的砌筑排列应遵循内外搭接、上下_____的原则。

6. 散水坡度为_____，宽度为_____，并要求比无组织排水屋顶檐口宽出_____ mm 左右。

7. 尺寸较大的板材（如花岗石、大理石）饰面通常采用_____。

8. 圈梁的作用是_____，钢筋混凝土圈梁的宽度一般应与_____相同，高度不小于____ mm。

9. 常见的隔墙形式有_____、_____和板材隔墙。

10. 墙面常见的装修可分为抹灰类、_____、_____、裱糊类和_____五类。

二、选择题

1. 轻质隔墙一般着重要处理好（　　　）。
   A. 强度　　　　　　　　　　　　　　　B. 隔声
   C. 防火　　　　　　　　　　　　　　　D. 稳定

2. 目前居住建筑外墙面装饰的主要材料为（　　　）。
   （1）花岗石　（2）外墙涂料　（3）外墙面砖　（4）水刷石　（5）水泥砂浆　（6）纸筋灰
   A.（1）（4）　　　　　　　　　　　　B.（2）（3）
   C.（4）（5）　　　　　　　　　　　　D.（5）（6）

3. 最常见的钢筋混凝土框架结构中，内墙的作用为（　　　）。
   A. 分隔空间　　　　　　　　　　　　　B. 承重
   C. 围护　　　　　　　　　　　　　　　D. 分隔、围护和承重

4. 为了使外墙具有足够的保温能力，应选用（　　　）的材料砌筑。
   A. 强度高　　　　　　　　　　　　　　B. 密度大
   C. 导热系数小　　　　　　　　　　　　D. 导热系数大

5. 钢筋混凝土构造柱的作用是（　　　）。
   A. 使墙角挺直　　　　　　　　　　　　B. 加速施工速度
   C. 增加建筑物的刚度　　　　　　　　　D. 可按框架结构考虑

6.（　　　）不宜做墙体水平防潮层。
   A. 防水砂浆　　　　　　　　　　　　　B. 防水卷材
   C. 细石混凝土加配筋　　　　　　　　　D. 混合砂浆

7. 下列不可做复合墙保温层的是（　　　）。
   A. 矿棉　　　　　　　　　　　　　　　B. 炉渣
   C. 空气层　　　　　　　　　　　　　　D. 毛石

8. 散水宽度一般不应小于（　　　）mm。
   A. 200　　　　　　　　　　　　　　　B. 500
   C. 600　　　　　　　　　　　　　　　D. 1 000

9. 为减少过梁的热桥效用，可采用（　　　）断面。
   A. 矩形　　　　　　　　　　　　　　　B. T 形
   C. 工字形　　　　　　　　　　　　　　D. L 形

三、判断题

1. 120 厚砖墙可以砌在空心板上作隔墙。（　　　）

2. 120 砖墙抹灰可以作隔音墙。（　　　）

3. 隔墙主要是隔绝固体传来的噪声。（　　　）

4. 圈梁的宽度必须与墙厚相同。（　　　）

5. 圈梁是沿外墙的封闭梁。（　　　）

四、看图填空题

通过网络、图书等途径，了解各种勒脚的特点、做法，识读表 3.10 中勒脚构造图，并标注勒脚类型。

表 3.10　识读勒脚构造图

勒脚外观图	勒脚类型及特点
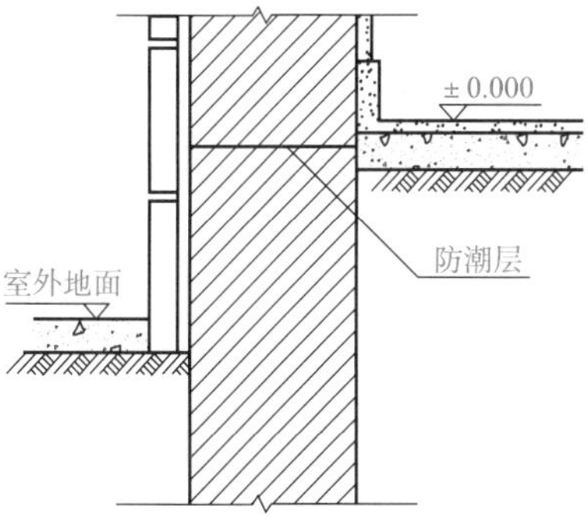 图 1	勒脚类型： _____ 特点： _____
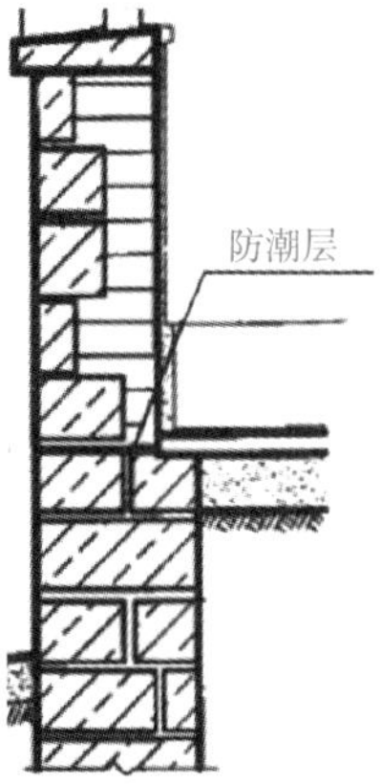 图 2	勒脚类型： _____ 特点： _____
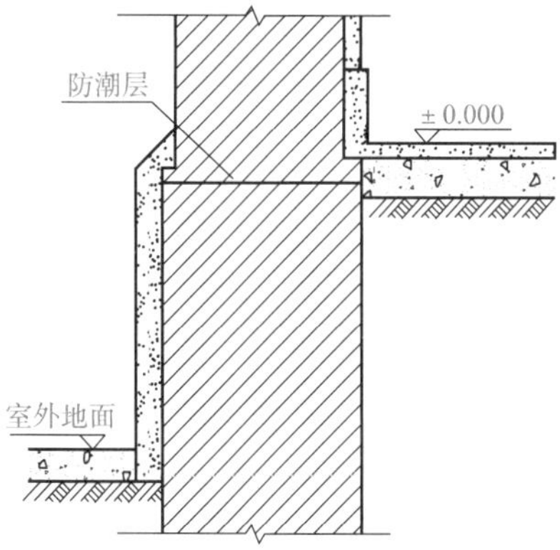 图 3	勒脚类型： _____ 特点： _____

模块 4 楼地面

引导页

学习目标

知识目标	1. 掌握楼地面的基本构造层次。 2. 掌握各类现浇钢筋混凝土楼板的适用条件和构造特点。 3. 掌握顶棚的类型。 4. 了解吊顶的组成和构造。 5. 掌握常用的楼地面做法和材料选择。
技能目标	1. 能够读懂楼板的基本布置图，分辨各类型楼板。 2. 能够根据不同要求选择顶棚做法。 3. 能够根据不同要求合理选择装修做法。
思政目标	1. 培养精益求精的工匠精神。 2. 树立创新思维，不断接受、学习新材料、新工艺。

学习要点

楼地面包括楼面与地面。楼地面主要由面层、结构层、附加层和顶棚（地面不含）组成。作为结构层的楼板主要材料为钢筋混凝土，包括现浇钢筋混凝土楼板和装配式钢筋混凝土楼板。现浇钢筋混凝土楼板分为板式楼板、梁板式楼板、井字楼板、无梁楼板、压型钢板组合楼板等。

顶棚按构造方式的不同有直接式顶棚和吊顶棚两种类型。吊顶一般由吊杆、龙骨和面板组成。

楼地面面层根据所用材料及施工方法的不同，分为整体浇筑地面（水泥砂浆地面、混凝土地面、水磨石地面）、板块地面（水泥砖地面、陶瓷地砖地面、石材地面、木地面）、卷材地面（塑料地面、橡胶地毡、地毯地面）和涂料地面等。

阳台是连接室内的室外平台，由阳台板、栏杆等组成，悬挑于每一层的外墙上，是室内空间的外延。雨篷是建筑物入口处外门上部用于遮挡雨水、保护外门不受雨水侵害的构件。

参考资料

《民用建筑通用规范》（GB 55031—2022）。

《混凝土结构通用规范》（GB 55008—2021）。

《民用建筑设计统一标准》（GB 50352—2019）。

《装配式混凝土建筑技术标准》（GB/T 51231—2016）。

《装配式混凝土结构技术规程》（JGJ 1—2014）。

《建筑地面设计规范》（GB 50037—2013）。

《混凝土结构设计规范（2015 年版）》（GB 50010—2010）。

《建筑地面工程施工质量验收规范》（GB 50209—2010）。

🖎 工作页

某教学楼局部构造详图如图 4.1 所示，机房采用木地板地面和吊顶，普通教室采用地砖地面。根据本模块的学习内容，结合相关构造标准图集，完成如下工作：① 将图 4.1 中的地砖楼面做法、木地板地面做法、吊顶做法补充完整；② 将引出线所指构件（零部件）名称在线上注写清楚。

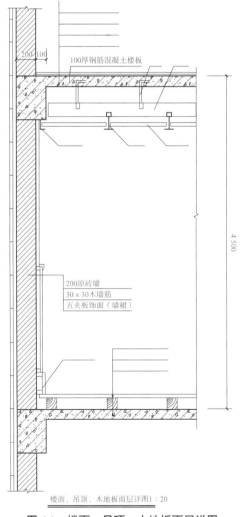

楼面、吊顶、木地板面层详图1：20

图 4.1 楼面、吊顶、木地板面层详图

4.1 楼地面的组成与类型

楼地面包括楼面与地面。地面指底层地面，包括面层、垫层和地基，承受着作用在底层表面的全部荷载。楼面指楼板层，包括面层和楼板，在垂直方向上将建筑物分割为若干层。楼板是水平方向承重构件，承受自重和楼面竖向荷载，并将其传递给梁、墙或柱。

4.1.1 楼地面的组成

楼地面应根据建筑使用功能，满足隔声、保温、防水、防火等要求，可增设结合层、隔离层、填充层、找平层、防水层、防潮层和保温绝热层等其他构造层。另外，建筑物中的各种水平管线也可敷设在楼板内。

1. 楼地面的构造层次

（1）面层：建筑地面直接承受各种物理和化学作用的表面层。

（2）结合层：面层与下面构造之间的连接层。板、块材面层的结合层材料厚度，要根据面层材料的特性要求选用。

（3）找平层：在垫层、楼板或填充层上起抹平作用的构造层。找平层用于以下几种情况：地面构造中有隔离层，要求垫层或楼板表面平整；有松散材料的构造层，要求其表面有刚性；地面需要设置坡度，并需利用找平层找坡。目前常用的找平层材料是 1∶3 的水泥砂浆或 C15 ～ C20 的细石混凝土。当找平层厚度小于 30 mm 时，宜用水泥砂浆做找平层；当找平层厚度不小于 30 mm 时，宜用细石混凝土做找平层。

（4）隔离层：防止建筑地面上各种液体或水、潮气透过地面的构造层，用在楼地面的防水、防潮工程中。常用的隔离层材料是石油沥青油毡，一般为一毡二油，对防水、防潮要求较高时采用防水卷材、防水涂膜等材料。

（5）防潮层：防止地下潮气透过地面的构造层。

（6）填充层：建筑地面中设置起隔声、保温、找坡或暗敷管线等作用的构造层。

（7）垫层：在建筑地基上设置承受并传递上部荷载的构造层。通常由混凝土、三合土、灰土、碎石等构成。根据《建筑地面设计规范》（GB 50037—2013）规定，混凝土垫层的强度等级不应低于 C15，当垫层兼面层时，强度等级不应低于 C20。灰土垫层应采用熟化石灰与黏土或粉质黏土、粉土的拌合料铺设，其配合比宜为 3∶7 或 2∶8，厚度不应小于 100 mm。砂垫层厚度，不应小于 60 mm；砂石垫层厚度，不应小于 100 mm；碎石（砖）垫层的厚度，不应小于 100 mm。垫层应坚实、平整。三合土垫层宜采用石灰、砂与碎料的拌合料铺设，其配合比宜为 1∶2∶4，厚度不应小于 100 mm，并应分层夯实。炉渣垫层宜采用水泥与炉渣或水泥、石灰与炉渣的拌合料铺设，其配合比宜为 1∶6 或 1∶1∶6，厚度不应小于 80 mm。

直接受大气影响的地面，如室外地面、散水、明沟、散水带明沟和台阶、入口坡道等，尤其是填土地基极易引起沉降、开裂。为了保证工程质量，宜在混凝土垫层下铺设砂、矿渣、炉渣、灰土等水稳性较好的材料予以加强。

（8）地基：承受底层地面荷载的土层。

楼地面工程根据建筑功能要求选择相应构造层次，进行设置。

2. 地面的组成

地面位于建筑底层，基本构造层为面层、垫层和地基（基层）。有其他功能要求的地面，常在面层和垫层间增设一些附加构造层次（图4.2）。

（1）面层：是地面的最上层部分，是人们直接接触的表面层，同时也对室内起装饰作用。

（2）垫层：是在建筑地基上设置承受并传递上部荷载的构造层。

（3）地基：也称为基层，承受地面荷载的土层。

（4）附加层：主要是为了满足某些特殊使用功能要求而设的一些构造层，如结合层、保温层、防水层、防潮层及埋管线层等。

3. 楼面的组成

楼面的基本构造层为面层和楼板，为了满足建筑使用功能的要求，通常由面层、结构层、顶棚层、附加层等构造层组成（图4.3）。

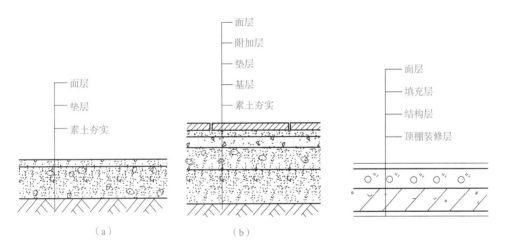

图4.2　地面的组成
（a）无附加层；（b）有附加层

图4.3　楼面的组成

（1）面层：起保护楼板、室内装饰及绝缘等作用，根据室内使用要求不同，楼板面层有多种做法。

（2）结构层：是楼板层的承重部分，承受整个楼板上的各种荷载，并传递给墙或柱，同时对墙身起水平支撑作用。

（3）顶棚层：又称天花板，是楼板层的最下面部分，起着保护楼板、安装灯具、遮掩各种水平管线设备及室内装修的作用。顶棚层在构造上有直接式顶棚和吊顶棚等多种形式。

（4）附加层：又称功能层，也做填充层。根据使用功能的不同可设置在结构层的上部或下部。附加层主要起隔声、隔热、防潮、防火、保温及绝缘等作用。

4.1.2 楼板的类型

楼板根据使用材料的不同，可分为以下几种类型（图4.4）：

（1）木楼板：具有自重轻、构造简单等优点，但其耐火性、耐久性、隔声能力较差，现已很少使用。

（2）砖拱楼板：可节约钢材、水泥及木材，但自重大、抗震性能差，且占用的空间较多，施工复杂，现已很少使用。

（3）钢筋混凝土楼板：具有强度高，整体性好，有较强的耐久性和防火性能，并便于工业化生产和机械化施工，是目前应用最为广泛的一种楼板。

（4）组合楼板：应用较多的组合楼板为钢与混凝土组合的楼板，这种组合体系是利用凹凸相间的压型薄钢板作衬板与现浇混凝土浇筑在一起而形成的钢衬板组合楼板，主要用于大空间、高层民用建筑和大跨度工业厂房中。

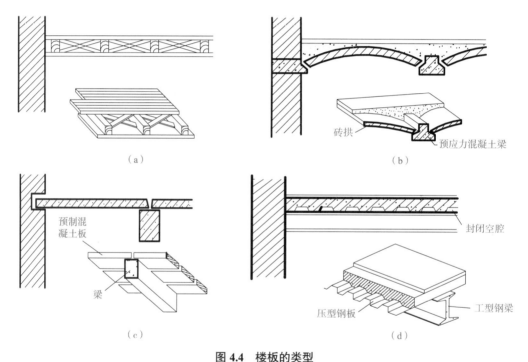

图4.4　楼板的类型
（a）木楼板；（b）砖拱楼板；（c）钢筋混凝土楼板；（d）压型钢板组合楼板

4.2　钢筋混凝土楼板

4.2.1　钢筋混凝土楼板设计要求

钢筋混凝土楼板根据受力特点和支承情况分为单向板和双向板。

单向板：两对边支承的板，或四边支承且长边与短边之比不小于3的板［图4.5（a）］。

双向板：四边支承长边与短边长度之比不大于2.0的板。长边与短边长度之比大于2.0，但小于3.0时，宜按双向板考虑［图4.5（b）］。

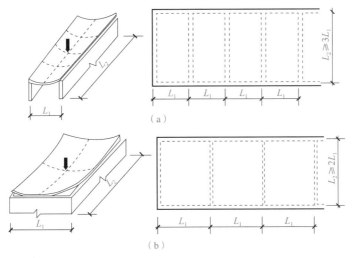

图 4.5　单向板、双向板
（a）单向板；（b）双向板

　　支承楼板的结构构件可以是墙体、梁或者柱。两边支承、四边支承主要指以墙或梁作为楼板的支承构件。根据《混凝土结构通用规范》（GB 55008—2021）规定，混凝土结构构件的最小截面尺寸应符合：

　　（1）矩形截面框架梁的截面宽度不应小于 200 mm；

　　（2）矩形截面框架柱的边长不应小于 300 mm，圆形截面柱的直径不应小于 350 mm；

　　（3）高层建筑剪力墙的截面厚度不应小于 160 mm，多层建筑剪力墙的截面厚度不应小于 140 mm；

　　（4）现浇钢筋混凝土实心楼板的厚度不应小于 80 mm，现浇空心楼板的顶板、底板厚度均不应小于 50 mm；

　　（5）预制钢筋混凝土实心叠合楼板的预制底板及后浇混凝土厚度均不应小于 50 mm。

4.2.2　现浇钢筋混凝土楼板

　　现浇整体式钢筋混凝土楼板是在施工现场经支模、绑扎钢筋、浇筑混凝土等施工工序，经养护达到一定强度后拆除模板而成型的楼板结构（图 4.6）。其具有整体性好、抗震能力强，留、布置管线方便等优点，但存在着模板量大、施工速度慢等缺点。现浇钢筋混凝土板的最小厚度见表 4.1。

（a）　　　　　　　　　　　　　　　　（b）

图 4.6　现浇钢筋混凝土楼板施工
（a）浇筑混凝土；（b）养护混凝土

表 4.1　现浇钢筋混凝土板最小厚度

板的类别		最小厚度
单向板	屋面板	60
	民用建筑楼板	60
	工业建筑楼板	70
	行车道下的楼板	80
双向板		80
密肋楼盖	面板	50
	肋高	250
悬臂板（根部）	悬臂长度不大于 500 mm	60
	悬臂长度 1 200 mm	100
无梁楼板		150
现浇空心楼盖		200

现浇钢筋混凝楼板根据组成和传力方式分为板式楼板、梁板式楼板、井式楼板、无梁楼板和压型钢板组合楼板。

1. 板式楼板

在墙体承重建筑中，当房间较小，楼面荷载可直接通过楼板传给墙体，而不需要另设梁，这种楼板称为板式楼板。板式楼板多用于较小的空间，如厨房、卫生间、走廊等。板的支承长度不小于 60 mm；当支承在钢梁或钢屋架上时，支承长度不小于 50 mm。

2. 梁板式楼板（肋梁楼板）

当房间的跨度较大时，为了使楼板结构的受力和传力合理，常在楼板下设梁以增加板的支撑，减小板的厚度和板内配筋，此时选用梁板式楼板。梁板式楼板一般由板、次梁、主梁组成（图 4.7）。

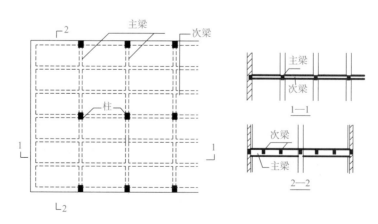

图 4.7　单向板肋梁楼板

主梁可沿房间的横向或纵向布置，次梁通常垂直于主梁布置。主梁搁置在墙或柱上，次梁搁置在主梁上，板搁置在次梁上，次梁的间距即为板的跨度。当房间横向跨度不大时，也可只沿房间的横向布置梁。梁应避免搁置在门窗洞口上。当上层设置隔墙或承重墙时，其下楼板中应设置一道梁。除考虑承重要求外，梁的布置还应考虑经济合理性。表4.2为梁板的经济尺度，供设计时参考。

表 4.2　梁板式楼板的经济尺度

构件名称	经济尺度		
	跨度 L	梁高、板厚 h	梁宽 b
主梁	5～8 m	(1/14～1/8) L	(1/3～1/2) h
次梁	4～6 m	(1/18～1/12) L	(1/3～1/2) h
板	1.5～3 m	简支板 $\frac{1}{35}L$，连续板 $\frac{1}{40}L$（60～80 mm）	

特别提示

　　跨度：建筑物中，梁、拱券两端的承重结构之间的距离。对于梁，指梁的相邻两支座之间的距离。比如，框架结构中，主梁由柱支撑，柱对于梁就是支座，相邻两柱之间的距离就是梁的跨度；次梁由主梁支撑，次梁与主梁相交处就是次梁的支座，那么相邻两主梁的间距就是次梁的跨度。

3. 井式楼板

井式楼板是梁板式楼板的一种特殊布置形式。当房间尺寸较大，且接近正方形时，常将两个方向的梁等距离布置，不分主次梁，如图4.8所示，形成井式楼板，也称井字格楼板。井式楼板的梁通常采用正交正放或正交斜放的布置方式，由于布置规整，因而有较好的装饰性。井式楼板一般多用于公共建筑的门厅或大厅。

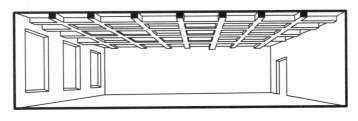

图 4.8　井式楼板

4. 无梁楼板

无梁楼板是将楼板直接支承在柱上，不设主梁或次梁，如图4.9所示。当荷载较大时，为了增大柱子的支承面积，减小跨度，可在柱顶上加设柱帽。当荷载较小时，可采用无柱帽楼板。

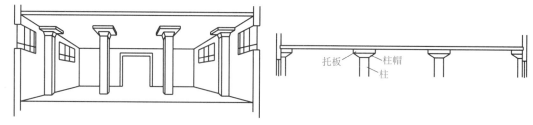

图 4.9 无梁楼板

楼板下的柱应尽量按方形网格布置，与其他楼板相比，无梁楼板顶棚平整、室内净空大、采光通风效果好，且施工时模板支设简单。其适用于活荷载较大的商店、仓库和展览馆等建筑。

5. 压型钢板组合式楼板

通过剪力连接件（锚栓）将压型钢板与混凝土进行组合，形成一种共同受力、协调变形的组合板称为压型钢板组合式楼板（图 4.10）。组合楼板中的压型钢板除在施工阶段作为模板用外，在使用阶段还兼作组合板中的受力钢筋或部分受力钢筋。

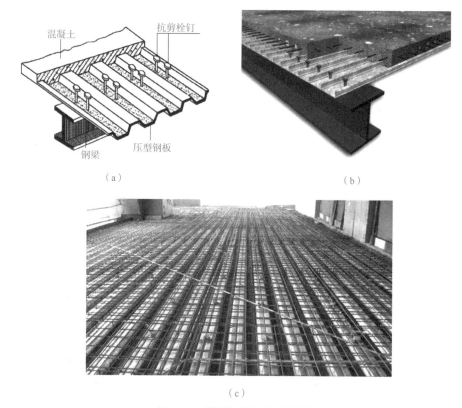

图 4.10　压型钢板组合式楼板
（a）示意图；（b）模型图；（c）压型钢板上铺设钢筋

压型钢板组合式楼板结构体系除能够充分利用混凝土所具有的优越抗压性能和充分发挥钢材所具有的优越抗拉性能外，还具有自重轻、塑性和抗震性能好、经济效果显著和施工简便等突出优点。

现浇钢筋混凝土楼板裂缝是建筑施工常见问题，也是最难解决的问题之一。这些裂缝影响建筑物的美观和使用功能，容易引起钢筋腐蚀，破坏结构整体性，降低结构刚度和耐久性。党的二十大报告提出：坚持安全第一、预防为主。防治现浇钢筋混凝土楼板裂缝，提高建筑施工质量，保证房屋建筑安全，是建设工程的重要任务。

楼板裂缝控制.PPT

4.2.3　装配整体式钢筋混凝土楼板

装配整体式钢筋混凝土楼板是将楼板中的部分构件预制，然后现场安装并整体浇筑其余部分而形成的楼板。这种楼板大大减少了施工现场的混凝土湿作业，采用预制板代替模板，降低模板用量，缩短工期，施工不受季节限制，有利于实现建筑工业化。

1.密肋复合楼盖

密肋复合楼盖是由纵横向梁式钢筋骨架或型钢构成肋格，填充体做内模现场整浇而成的楼盖体系。这种楼盖采用间距较小的密肋小梁作楼板的承重构件，梁间填充轻质混凝土砌块，并浇筑成整体的装配整体式楼板。密肋小梁可以预制也可现浇。现浇密肋填充块楼板是以陶土空心砖、炉渣空心砖等作为肋间填充块来现浇密肋和面板而成。预制小梁填充块楼板是在预制小梁之间填充陶土空心砖、矿渣混凝土空心砖、加气混凝土砌块等，上面现浇面层而成。密肋填充块楼板板底平整，有较好的隔声、保温、隔热效果，在施工中空心砖还可起到模板作用（图4.11）。

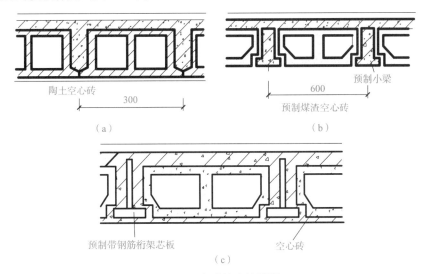

陶土空心砖

300

（a）

预制小梁

600

预制煤渣空心砖

（b）

预制带钢筋桁架芯板　　　　空心砖

（c）

图4.11　密肋填充块楼板

（a）现浇空心砖楼板；（b）预制小梁填充块楼板；（c）带骨架芯板填充块楼板

根据《密肋复合板结构技术规程》（JGJ/T 275—2013）规定，肋梁的宽度不应小于60 mm，肋梁截面高度与宽度之比不宜大于5，肋梁的截面高度不应小于150 mm，并应满足设备管线地穿行要求。当密肋复合楼盖中填充体上下均有现浇叠合层形成I形肋梁受力截面时，上部叠合层的厚度不应小于50 mm，下部叠合层的厚度不应小于40 mm，其钢筋间距不宜大于 200 mm，且不应大于 250 mm。当密肋复合楼盖中填充体仅上部有现浇叠合层形成 T 形肋梁受力截面时，上部叠合层的最小厚度应为 50 mm，其钢筋间距不应大于 250 mm；填充体底部现浇有较薄的构造面层时，面层内应配置抗裂钢丝网片，钢丝网片应锚入两侧现浇肋梁内。

当密肋复合楼盖中填充体为配筋空心箱体且上下均无现浇叠合层时，空心箱体的上面板设计应满足区格的传力要求，下面板设计应满足抗裂及局部吊重要求。

当建筑物地下室顶板采用密肋复合楼盖并作为上部结构的嵌固部位时，复合楼盖上部应叠合现浇钢筋混凝土面层，厚度不应小于 100 mm，楼盖折算厚度不应小于 180 mm。

2. 叠合板

叠合板是由预制板和现浇钢筋混凝土层叠合而成的装配整体式楼板。预制板既是楼板结构的组成部分之一，又是现浇钢筋混凝土叠合层永久性模板，现浇结合层内可敷设水平设备管线。根据《装配式混凝土结构技术规程》（JGJ 1—2014）规定：

（1）叠合板的预制板厚度不宜小于 60 mm，后浇混凝土叠合层厚度不应小于 60 mm。

（2）当叠合板的预制板采用空心板时，板端空腔应封堵。

（3）跨度大于 3 m 的叠合板，宜采用桁架钢筋混凝土叠合板，当板跨度较大时，为了增加预制板的整体刚度和水平界面抗剪性能，在预制板内设置桁架钢筋（图 4.12）。

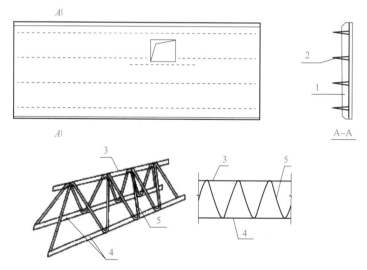

图 4.12 叠合板的预制板设置桁架钢筋构造示意
1—预制板；2—桁架钢筋；3—上弦钢筋；4—下弦钢筋；5—格构钢筋

（4）跨度大于 6 m 的叠合板，宜采用预应力混凝土预制板。

（5）板厚大于 180 mm 的叠合板，宜采用混凝土空心板。

叠合板的预制板侧应为双齿边；拼缝上口宽度不应小于 30 mm；空心板端孔中应有堵头，深度不宜小于 60 mm；拼缝中应浇灌强度等级不低于 C30 的细石混凝土。预制板端宜伸出锚固钢筋互相连接，并宜与板的支承结构（圈梁、梁顶或墙顶）伸出的钢筋及板端拼缝中设置的通长钢筋连接。为保证预制薄板与现浇叠合层之间有较好的连接，可在预制薄板的上表面刻槽，或

叠合板 .PPT

在薄板上表面露出较规则的三角形结合钢筋（图 4.13）。

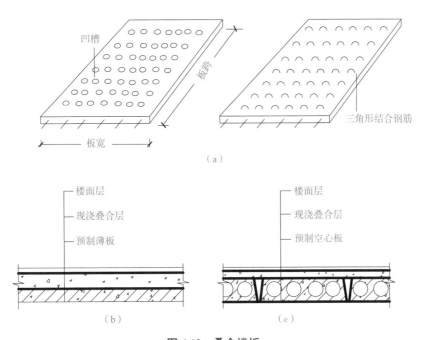

图 4.13　叠合楼板
（a）预制薄板板面刻槽；（b）预制薄板叠合楼板；（c）预制空心板叠合楼板

叠合板可根据预制板接缝构造、支座构造、长宽比分为单向板和双向板。当预制板之间采用分离式接缝［图 4.14（a）］时，宜按单向板考虑。对长宽比不大于 3 的四边支承叠合板，当其预制板之间采用整体式接缝［图 4.14（b）］或无接缝［图 4.14（c）］时，可按双向板考虑。

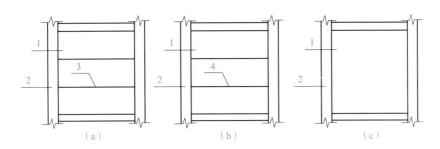

图 4.14　叠合板的预制板布置形式示意
（a）分离式接缝；（b）整体式接缝；（c）无接缝
1—预制板；2—梁或墙；3—板侧分离式接缝；4—板侧整体式接缝

4.3　顶棚构造

顶棚也称天花板，是位于建筑物室内屋顶的结构层下面的装饰构件。其应满足防坠落、防火、抗震等安全要求，也要满足光洁、美观、能通过反射光来改善室内采光的要求。顶棚还应具有隔声、防水、保温、隔热、隐蔽管线等功能。

顶棚按构造方式的不同有直接式顶棚和吊顶两种类型。

4.3.1 直接式顶棚

直接式顶棚.PPT

直接式顶棚是在楼板或屋面板等结构构件底面直接进行喷刷、抹灰、涂刷、粘贴、裱糊等饰面装修的顶棚。这种顶棚构造简单，施工方便，造价较低。

1. 直接喷刷顶棚

当楼板底面平整，室内装饰要求不高时，可直接在顶棚的基层上刷大白浆、涂料等。其构造顺序是先在板底刮 2 mm 厚耐水腻子，然后直接刷涂料。

2. 板底找平刷涂料

当楼板的底面不够平整或室内装修要求较高时，可在楼板底抹灰后再喷刷涂料。其构造顺序是先在板底刷素水泥浆一道甩毛（内掺建筑胶），再抹 5 ~ 10 mm 厚 1∶0.5∶3 水泥石灰膏砂浆中间层，面层抹 2 mm 厚纸筋灰、刮 2 mm 耐水腻子，最后刷涂料（图 4.15）。

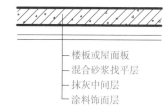

图 4.15 喷刷类顶棚构造层次

3. 贴面顶棚

贴面顶棚是在楼板底面用胶粘剂直接粘贴墙纸等装饰材料；对有保温、隔热、吸声等要求的建筑物，可在楼板底面粘贴泡沫塑料板、铝塑板、岩棉板或装饰吸声板等。其构造顺序是用 2 mm 耐水腻子找平，然后刷防潮漆一道，最后直接粘贴面层材料。

4.3.2 吊顶

悬吊式顶棚也称吊顶，是指悬挂在屋顶或楼板下，由骨料和面板组成的顶棚。这种顶棚的空间内，通常要布置各种管道或安装设备，如灯具、空调、灭火器、烟感器等。一般来说，悬吊式顶棚的装饰效果较好，形式变化丰富，适于中、高档次的建筑顶棚装饰。

吊顶按组装方式分为整体面层吊顶、板块面层吊顶、格栅吊顶、集成吊顶等。

（1）整体面层吊顶：以纸面石膏板、石膏板、硅酸钙板、水泥纤维板等为面板的面层材料接缝不外露的吊顶［图 4.16（a）］。

（2）板块面层吊顶：以矿棉板、金属板、复合板、石膏板等为面板的面层材料且接缝外露的吊顶［图 4.16（b）］。

（3）格栅吊顶：由金属成品型材，按照一定几何图形，组成矩阵式的吊顶［图 4.16（c）］。

（4）集成吊顶：由装饰模块、功能模块及构配件组成的，在工厂预制的、可自由组合的多功能一体化吊顶。装饰模块是具有装饰功能的吊顶板模块。功能模块是具有采暖、通风、照明等器具的模块［图 4.16（d）］。

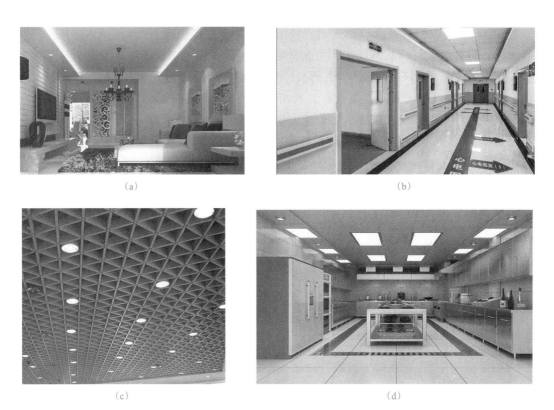

图 4.16 吊顶
（a）整体面层吊顶；（b）板块面层吊顶；（c）格栅吊顶；（d）集成吊顶

吊顶一般由吊杆、龙骨和面板组成。吊杆与楼板层相连，固定方法有预埋件钢筋锚固、射钉锚固和膨胀螺栓锚固等（图 4.17）。吊顶的龙骨由主龙骨和次龙骨组成，主龙骨与吊杆相连，吊杆与楼板相连。主龙骨一般单向布置；次龙骨固定在主龙骨上，其布置方式和间距依据面层材料和顶棚的外形而定；在次龙骨下做面层。

吊顶.MP4

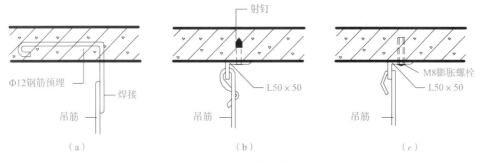

图 4.17 吊杆固定
（a）预埋件钢筋锚固；（b）射钉锚固；（c）膨胀螺栓锚固

根据《公共建筑吊顶工程技术规程》（JGJ 345—2014），吊杆、龙骨的尺寸与间距应符合下列规定：

（1）不上人吊顶的吊杆应采用不小于直径 4 mm 镀锌钢丝、6 mm 钢筋、M6 全牙吊杆或直径不小于 2 mm 的镀锌低碳退火钢丝，吊顶系统应直接连接到房间顶部结构受力部位上。吊杆的间距不应大于 1 200 mm，主龙骨的间距不应大于 1 200 mm。

（2）上人吊顶的吊杆应采用不小于直径 8 mm 钢筋或 M8 全牙吊杆。主龙骨应选用 U 型或 C 型高度在 50 mm 及以上型号的上人龙骨，吊杆的间距不应大于 1 200 mm，主龙骨的间距不应大于 1 200 mm，主龙骨壁厚应大于 1.2 mm。

（3）当吊杆长度大于 1 500 mm 时，应设置反支撑。反支撑间距不宜大于 3 600 mm，距墙不应大于 1 800 mm。反支撑应相邻对向设置。当吊杆长度大于 2 500 mm 时，应设置钢结构转换层。

主龙骨按所用材料不同可分为木龙骨和金属龙骨两类，目前多采用金属龙骨。常见的金属骨架有轻钢骨架和铝合金骨架两种。

轻钢骨架主龙骨一般用特制的型材制作，断面形式有 U 形、T 形等系列。主龙骨一般通过钢筋悬挂在楼板下部，间距为 900 ～ 1 200 mm，主龙骨下部悬挂次龙骨。为保证龙骨的整体刚度，在龙骨之间增加横撑，其间距视面板规格而定，最后在次龙骨上固定面板（图 4.18）。

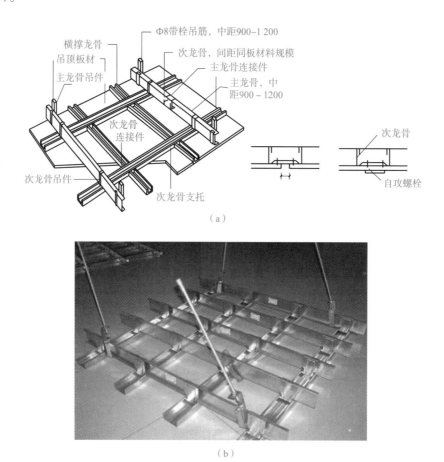

（a）

（b）

图 4.18　轻钢龙骨吊顶
（a）轻钢龙骨吊顶示意；（b）轻钢骨架实物图

铝合金龙骨是在轻钢龙骨的基础上发展生产的产品，常用的有⊥形、U 形、凹形以及嵌条式构造的各种特制龙骨。其具有耐锈蚀、轻质美观、安装方便等优点，目前在民用建筑中应用较广。但当顶棚的荷载较大，或者悬吊点间距较大以及在特殊环境下使用时，须采用普通型钢做基层，如角钢、槽钢、工字钢等。图 4.19 所示为铝合金龙骨吊顶构造。

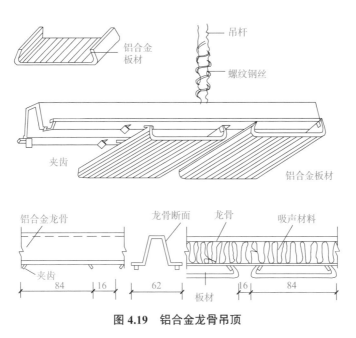

图 4.19　铝合金龙骨吊顶

吊顶的面层材料有植物类、矿物类和金属类。常用材料有纸面石膏板、石膏板、硅酸钙板、水泥纤维板、矿棉板、金属板和复合板等。根据《建筑设计防火规范（2018 年版）》（GB 50016—2014）及《建筑内部装修设计防火规范》（GB 50222—2017）规定，吊顶材料及制品的燃烧性能等级不应低于 B$_1$ 级；有防火要求的石膏板厚度应大于 12 mm，并应使用耐火石膏板。在潮湿地区或高湿度区域，宜使用硅酸钙板、纤维增强水泥板、装饰石膏板等面板；当采用纸面石膏板时，可选用单层厚度不小于 12 mm 或双层 9.5 mm 的耐水石膏板，次龙骨间距不宜大于 300 mm。

4.4　楼地面构造

4.4.1　楼地面设计要求

为了满足保证人民生命财产安全、人身健康和工程安全的要求，根据《民用建筑通用规范》（GB 55031—2022）规定，楼面、地面应根据建筑使用功能，满足隔声、保温、防水、防火等要求，其铺装面层应平整、防滑、耐磨、易清洁。

（1）具有足够的强度、耐磨性和防滑性。楼地面应具有足够的强度，在荷载作用下不开裂、不损坏；具有一定的耐磨性，在反复摩擦作用下，不起尘、不磨损；具有较好的防滑性，对浴室、泳池等有水房间和有防滑要求的房间应做防滑面层，避免人员行进时滑倒。

室外地面应考虑雨雪天气影响，避免因地面面材选择不当，导致地面湿滑，从而造成不必要的伤害。

（2）平整、环保、易于清洁。楼地面应平整，防止行进中出现绊倒等事故。面层应选择不易起尘、易清洁，并具有一定防静电作用，能满足一定空气洁净度要求的材料。面层采用的大理石、花岗石、料石等天然石材以及砖、预制板块、地毯、人造板材、胶粘剂、涂料、水泥、砂、石、外加剂等材料或产品应符合国家现行有关室内环境污染控制和放射性、有害物质限量的规定，应满足环保要求，避免因材料污染损害身体健康。

（3）其他功能性要求。根据不同类型房屋的使用要求，除满足以上两条外，楼地面还应当考虑隔声、保温、防水、防火、防腐蚀、防油渗等功能。比如，卧室、病房、客房等房间的楼地面需要满足隔声要求；严寒、寒冷地区供暖与非供暖房间之间的楼板需要考虑保温，使其满足节能相关要求；公共厨房等有明火的操作间楼地面需要满足防火要求；卫生间、浴室、厨房等有水房间的楼地面需要满足防水要求；舞蹈室、健身房、体育馆等场馆的楼地面需要满足弹性要求；试验室等经常受腐蚀性介质作用的楼地面需要满足防腐蚀要求；机械加工或清洗车间的地面上积聚大量油污，此类楼地面需要满足防油渗要求。

4.4.2 楼地面面层构造

根据《建筑地面设计规范》（GB 50037—2013）规定，依据面层所用材料不同，楼地面面层分类及其材料选择见表4.3。

表 4.3　楼地面面层类别与材料选择

面层类别	材料选择
水泥类整体面层	水泥砂浆、水泥钢（铁）屑、现制水磨石、混凝土、细石混凝土、耐磨混凝土、钢纤维混凝土或混凝土密封固化剂
树脂类整体面层	丙烯酸涂料、聚氨酯涂层、聚氨酯自流平涂料、聚酯砂浆、环氧树脂自流平涂料、环氧树脂自流平砂浆或干式环氧树脂砂浆
板块面层	陶瓷马赛克、耐酸瓷板（砖）、陶瓷地砖、水泥花砖、大理石、花岗石、水磨石板块、条石、块石、玻璃板、聚氯乙烯板、石英塑料板、塑胶板、橡胶板、铸铁板、网纹钢板、网络地板
木、竹面层	实木地板、实木集成地板、浸渍纸层压木质地板（强化复合木地板）、竹地板
不发火花面层	不发火花水泥砂浆、不发火花细石混凝土、不发火花沥青砂浆、不发火花沥青混凝土
防静电面层	导静电水磨石、导静电水泥砂浆、导静电活动地板、导静电聚氯乙烯地板
防油渗面层	防油渗混凝土或防油渗涂料的水泥类整体面层
防腐蚀面层	耐酸板块（砖石材）或耐酸整体面层
矿渣、碎石面层	矿渣、碎石
织物面层	地毯

常用楼地面面层类型有水泥类整体面层、树脂类整体面层、板块面层、木竹面层和织物面层等。对于装饰装修，经常将楼地面的面层简称为地面。下面介绍几种常用地面构造做法。

1. 水泥砂浆地面

水泥砂浆地面是直接在现浇混凝土垫层或水泥砂浆找平层上施工的一种传统整体地面（图4.20）。水泥砂浆地面属低档地面，造价较低且施工方便，但不耐磨，有易起砂、无弹性、热传导性高等缺点。

水泥砂浆的体积比应为1∶2，强度等级不应小于M15，面层厚度不应小于20 mm。水泥应采用硅酸盐水泥或普通硅酸盐水泥，其强度等级不应小于42.5级；不同品种、不同强度等级的水泥不得混用，砂应采用中粗砂。当采用石屑时，其粒径宜为3～5 mm，且含泥量不应大于3%。有防滑要求的水泥地面，可将水泥砂浆面层做成各种纹样，以增大摩擦力。

图4.20　水泥砂浆面层

2. 混凝土、细石混凝土地面

混凝土、细石混凝土地面（图4.21）刚性好、强度高、干缩性小且不易起砂，但厚度较大。此类楼地面在初凝时用铁滚压出浆抹平，终凝前用铁板压光。对防水要求高的房间，还可以在楼地面中加做一层找平层，而后在其上做一道卷材防水层，再做细石混凝土面层。

混凝土、细石混凝土地面具体要求如下：

（1）混凝土地面采用的石子粗骨料，其最大颗粒粒径不应大于面层厚度的2/3，细石混凝土面层采用的石子粒径不应大于15 mm。

（2）混凝土面层或细石混凝土面层的强度等级不应小于C20；耐磨混凝土面层或耐磨细石混凝土面层的强度等级不应小于C30；底层地面的混凝土垫层兼面层的强度等级不应小于C20，其厚度不应小于80 mm；细石混凝土面层厚度不应小于40 mm。

（3）垫层及面层，宜分仓浇筑或留缝。

（4）当地面上静荷载或活荷载较大时，宜在混凝土垫层中配置钢筋或垫层中加入钢纤维。当垫层中仅为构造配筋时，可配置直径为8～14 mm、间距为150～200 mm的钢筋网。

（5）水泥类整体面层需严格控制裂缝时，应在混凝土面层顶面下20 mm处配置钢筋直径为4～8 mm、间距为100～200 mm的双向钢筋网，或面层中加入钢纤维。

3. 水磨石地面

水磨石地面（图4.22）坚硬、耐磨、光洁美观、整体性好、易清洗。它是以普通水泥或白水泥为胶结材料，用大理石、方解石等中等硬度的石子做骨料，并据需求掺入适量的颜料粉拌和，浇抹硬结后，磨光打蜡而成的面层。其多用于公共建筑的大厅、走廊、卫生间和楼梯等地面。

图 4.21 细石混凝土地面

图 4.22 水磨石地面

水磨石地面应符合下列要求：

（1）水磨石面层应采用水泥与石粒的拌合料铺设，面层的厚度宜为 12 ～ 18 mm，结合层的水泥砂浆体积比宜为 1 : 3，强度等级不应小于 M10。

（2）水磨石面层的石粒，应采用坚硬可磨白云石、大理石等岩石加工而成，石子应洁净无杂质，其粒径宜为 6 ～ 15 mm。

（3）水磨石面层分格尺寸不宜大于 1 m × 1 m，分格条宜采用铜条、铝合金条等平直、坚挺的材料。当金属嵌条对某些生产工艺有害时，可采用玻璃条分格。

（4）白色或浅色的水磨石面层，应采用白水泥；深色的水磨石面层，宜采用强度等级不小于 42.5 级的硅酸盐水泥、普通硅酸盐水泥或矿渣硅酸盐水泥；同颜色的面层应使用同一批号水泥。

（5）彩色水磨石面层使用的颜料，应采用耐光、耐碱的无机矿物质颜料，宜同厂同批。其掺入量宜为水泥质量的 3% ～ 6% 或由试验确定。

水磨石地面构造做法如图 4.23 所示。

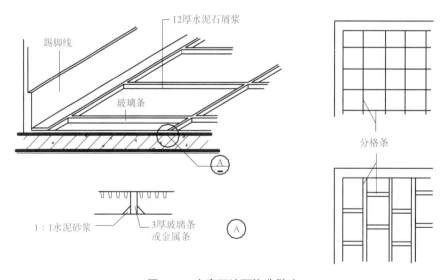

图 4.23 水磨石地面构造做法

4. 水泥砖地面

水泥砖地面常用的有水泥砂浆砖，常见的尺寸为150～200 mm见方，厚10～20 mm。水泥砖地面与基层黏结有两种方式：当预制块尺寸较大且较厚时，常在板下干铺一层20～40 mm厚细砂或细炉渣，待校正平整后，板缝用砂浆嵌填。这种做法施工简单、造价低，便于维修更换，但不易平整。城市人行道常按此方法施工（图4.24）。当预制块小而薄时，则采用10～20 mm厚1：3水泥砂浆做结合层，铺好后再用1：1水泥砂浆嵌缝。这种做法坚实、平整，但施工较复杂，造价也较高。

图4.24 水泥砖地面

5. 陶瓷地砖地面

陶瓷地砖又称墙地砖，其类型有釉面地砖、无光釉面砖和无釉防滑地砖及抛光同质地砖。

陶瓷地砖颜色多样，色调均匀，砖面平整，抗腐耐磨，施工方便，且块大缝少，装饰效果好，特别是防滑地砖和抛光地砖还能防滑，因而越来越多地用于办公、商店、旅馆和住宅中。陶瓷地砖一般厚6～10 mm，其规格有200 mm×200 mm、300 mm×300 mm、400 mm×400 mm、500 mm×500 mm等。其构造做法：当楼板与面层之间没有附加层的时候，在楼板上抹水泥浆一道，水泥浆内掺建筑胶；铺20 mm厚1：3干硬性水泥砂浆，用作结合层，表面撒水泥粉；粘贴瓷砖，用干水泥粉擦缝〔图4.25（a）〕。

陶瓷地砖.PPT

6. 陶瓷马赛克地面

陶瓷马赛克与缸砖特点相似。其构造做法：15～20 mm厚1：3水泥砂浆找平，3～4 mm厚水泥胶粘贴陶瓷马赛克（纸胎），用滚筒压平，使水泥胶挤入缝隙，用水洗去牛皮纸，用白水泥浆擦缝。其主要用于防滑要求较高的卫生间、浴室等房间的地面〔图4.25（b）〕。

陶瓷马赛克.PPT

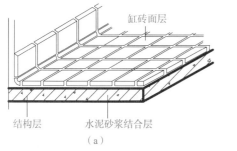
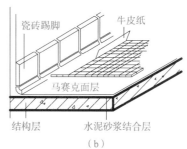

图4.25 陶瓷类板块地面
（a）陶瓷地砖地面；（b）陶瓷马赛克地面

7. 石材地面

大理石、花岗石是从天然岩体中开采出来的，经过加工制成块材或板材，再经打磨、抛光、打蜡等工序，加工成各种不同质感的高级装饰材料，一般用于公共建筑的门厅、大厅、休息厅、营业厅或要求高的卫生间等房间的楼地面。

大理石板、花岗石板厚 20 ～ 30 mm，规格一般为 500 mm × 500 mm 或 600 mm × 600 mm 等。其构造做法：先用 20 ～ 30 mm 厚 1∶3 干硬性水泥砂浆找平，再用 5 ～ 10 mm 厚 1∶1 水泥砂浆做结合层铺贴石板，板缝不大于 1 mm，然后用干水泥擦缝（图 4.26）。

国家大剧院——中国优质石材博物馆 .PPT

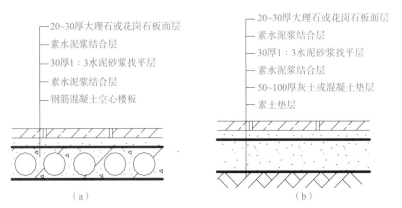

图 4.26　石材地面
（a）大理石楼面构造；（b）大理石地面构造

人造石板有人造大理石板、预制水磨石板等，其构造做法与天然石板地面基本相同。

8. 木地面

木地面是指实木地板、竹地板、实木复合地板、强化复合木地板等类型板材，采用条材或块材或拼花，以空铺或实铺或粘贴方式在基层上铺设的面层。木地板弹性好、导热系数小、不起尘、易清扫。常用于高级住宅、宾馆、体育馆、剧院舞台等建筑中。根据使用要求及材质特性，木地面应采取防火、防腐、防潮、防蛀、通风等相应措施。

空铺木地面时，一般采用龙骨将木地板与基层分隔开。龙骨有木龙骨和金属龙骨两类。龙骨的截面尺寸、间距和稳固方法等均应符合设计要求（图 4.27）。龙骨固定时，不得损坏基层和预埋管线，应垫实钉牢，与柱、墙之间留出 20 mm 的缝隙，表面应平直，其间距不宜大于 300 mm。当面层下铺设垫层地板时，垫层地板的髓心应向上，板间缝隙不应大于 3 mm，与柱、墙之间应留 8 ～ 12 mm 的空隙，表面应刨平。木地板面层铺设时，相邻板材接头位置应错开不小于 300 mm 的距离。木地板用踢脚线压实。采用实木制作的踢脚线，背面应抽槽并做防腐处理。

图 4.27　空铺木地面

实铺木地面是直接在基层上铺设地面（图 4.28）。在面层与基层之间设置衬垫层，衬垫层的材料和厚度应符合设计要求；并应在面层与柱、墙之间的空隙内加设金属弹簧卡或木楔子，其间距宜为 200 ～ 300 mm。相邻板材接头位置应错开不小于 300 mm 的距离；衬垫层、垫层地板及面层与柱、墙之间均应留出不小于 10 mm 的空隙。

粘贴木地面通常的做法：先在混凝土结构层上用 15 ～ 20 mm 厚 1:3 水泥砂浆找平，上面刷冷底子油一道用于防潮，然后用石油沥青、环氧树脂、乳胶等胶粘材料将木地板粘贴在找平层上。常用木地板为拼花小木块板，长度不大于 450 mm，其构造做法如图 4.29 所示。如果是软木地面，粘贴时应采用专业胶粘剂，做法与木地板面层粘贴固定相似。高级地面可先铺钉一层夹板，再粘贴软木面层。

图 4.28　实铺木地面

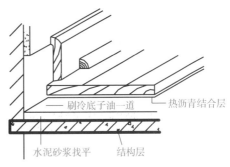

图 4.29　粘贴木地面的构造做法

9. 涂料地面

涂料地面是在水泥砂浆或混凝土地面上涂刷溶剂性涂料或聚合物涂料形成面层的地面（图 4.30）。主要材料有丙烯酸涂料、聚氨酯涂层、聚氨酯自流平涂料、聚酯砂浆、环氧树脂自流平涂料、环氧树脂自流平砂浆或干式环氧树脂砂浆等。涂料地面具有耐磨、防水、易清洁、干燥迅速的特点。涂层可制成各种色彩的图案，对改善水泥砂浆地面效果有较好的作用。

涂料地面根据胶凝材料可以分为两大类：一类是以单纯的合成树脂为胶凝材料的溶剂型合成树脂涂布材料，如环氧树脂涂布地面、不饱和聚酯涂布地面、聚氨酯涂布地面等；另一类是以水溶性树脂或乳液与水泥复合组成胶凝材料的聚合物水泥涂布地面，如聚醋酸乙烯乳液涂布地面，聚乙烯醇甲醛胶涂布地面等。溶剂型涂布材料具有良好的耐磨性、耐

图 4.30　涂料地面

腐蚀性、抗渗性、弹韧性及整体性，适用于卫生间或耐腐蚀要求较高的地方，如试验室、医院手术室、食品加工厂等。水溶性涂布地面的耐水性优于单纯的同类聚合物涂布地面，同时黏结性、抗冲击性也优于水泥涂料，且价格便宜，施工方便，适用于一般要求的地面，如教室、办公室等。涂料地面一般采用涂刮方式施工，对基层要求较高，基层应平整、洁净，强度等级不应小于 C20，含水率应与涂料的技术要求相一致。

10.地毯地面

地毯是一种高级地面装饰材料（图4.31）。其
分为纯毛地毯、化纤地毯、棉织地毯等。纯毛地
毯柔软、温暖、舒适、豪华、富有弹性，但价格
高，易虫蛀霉变。化纤地毯经改性处理，可得到
与纯毛相近的耐老化、防污染等特性，且价格较
低，资源丰富，色彩多样，柔软质感好，因此化
纤地毯已成为较普及的地面铺装材料。

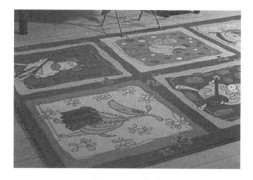

图 4.31 地毯

地毯铺设可分为满铺与局部铺设两种。铺设
方式有固定式与不固定式之分。不固定式铺设是将地毯直接铺在地面上，不需要将地毯与
基层固定。而固定式铺设是将地毯用胶粘剂粘贴在地面上，或将四周钉牢。

4.4.3 楼地面构造

1.防水构造

卫生间、浴室、盥洗室等受水或非腐蚀性液体经常浸湿的楼地面应采取防水、防滑的
构造措施，并设排水坡坡向地漏。有防水要求的楼地面应低于相邻楼地面15.0 mm。经常
有水流淌的楼地面应设置防水层，防水层沿墙面处翻起高度不宜小于250 mm；遇门洞口处
可采取防水层向外水平延展措施，延展宽度不宜小于500 mm，向外两侧延展宽度不宜小于
200 mm。门口宜设门槛等挡水设施，且房间内应有排水措施，楼地面应采用不吸水、易冲
洗、防滑的面层材料，并应设置防水隔离层。

2.踢脚

踢脚是外墙内侧或内墙的两侧的下部和室内地
坪交接处的构造。设置踢脚的目的是防止扫地时污
染墙面。踢脚的高度一般为80～150 mm。常用的
材料有水泥砂浆、水磨石、木材、缸砖、油漆等，
选用时一般应与地面材料一致。如地面采用地砖铺
贴，踢脚也采用地砖，用10 mm厚的1∶2水泥砂
浆粘贴在墙体下边缘，压住地面地砖（图4.32）。有
墙裙或墙身饰面可以代替踢脚的，应不再做踢脚。

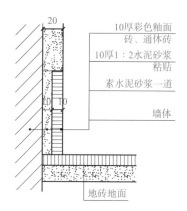

图 4.32 踢脚

4.5 阳台与雨篷

4.5.1 阳台

阳台是连接室内的室外平台，悬挑于每一层的外墙上，它不仅向人们提
供舒适的室外活动空间，而且可以改变单元式住宅带给人们的封闭感和压抑
感，对建筑的立面处理也会产生一定的作用。

阳台.PPT

1. 阳台的类型

阳台按其与外墙面的相对关系可分为凸阳台、凹阳台、半凸半凹阳台及转角阳台；按施工方法可分为现浇阳台和预制阳台（图 4.33）。

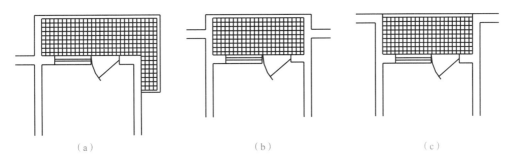

（a）　　　　　　　　　　（b）　　　　　　　　　　（c）

图 4.33　阳台的类型

（a）凸阳台（转角阳台）；（b）半凸半凹阳台（中间阳台）；（c）凹阳台（中间阳台）

2. 阳台的结构布置

（1）挑梁式。挑梁式即由横墙向外伸出挑梁，梁上搁置楼板，阳台荷载通过挑梁传给纵横墙，由压在挑梁上的墙体和楼板抵抗阳台的倾覆力矩［图 4.34（a）］。挑梁可与阳台一起现浇，也可预制。挑梁压入墙内的长度一般为悬挑长度的 1.5 倍左右。

（2）挑板式。挑板式是将楼板延伸挑出墙外，形成阳台板。由于阳台板与楼板是一整体，楼板的质量和墙的质量构成阳台板的抗倾覆力矩，保证阳台的稳定［图 4.34（b）］。挑板式阳台板底平整美观，如施工采用现浇工艺，还可将阳台平面制成多种形式，增加建筑形体美观。

（3）压梁式。压梁式是将凸阳台板与墙梁整浇在一起，墙梁可用加大的圈梁代替［图 4.34（c）］。由于墙梁受扭，阳台悬挑长度一般在 1.2 m 以内。当梁上部的墙开洞较大时，可将梁向两侧延伸至不开洞部分，以确保安全。

（4）搁板式。在凹阳台中，将阳台板搁置于阳台两侧凸出来的墙上，即形成搁板式阳台。阳台板型和尺寸与楼板一致，施工较方便。

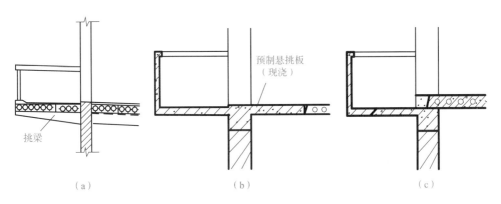

（a）　　　　　　　　　　（b）　　　　　　　　　　（c）

图 4.34　阳台的结构布置

（a）挑梁式；（b）挑板式；（c）压梁式

3. 阳台的细部构造

（1）阳台栏杆和栏板。阳台的栏杆和栏板是设置在阳台外围的垂直构件，主要供人们倚扶之用，以保障人身安全，同时栏杆对建筑物还起装饰作用。阳台的栏杆和栏板要有一定的安全高度，通常高于人体的重心，即净高不低于 1.05 m，高层建筑不低于 1.1 m；对空花栏杆要求其垂直之间的净距离不大于 130 mm。

> **特别提示**
>
> 《民用建筑设计统一标准》（GB 50352—2019）规定：当临空高度在 24.0 m 以下时，栏杆高度不应低于 1.05 m；当临空高度在 24.0 m 及以上时，栏杆高度不应低于 1.1 m。上人屋面和交通、商业、旅馆、医院、学校等建筑临开敞中庭的栏杆高度不应小于 1.2 m。栏杆高度应从所在楼地面或屋面至栏杆扶手顶面垂直高度计算，当底面有宽度大于或等于 0.22 m，且高度低于或等于 0.45 m 的可踏部位时，应从可踏部位顶面起算。公共场所栏杆离地面 0.1 m 高度范围内不宜留空。

阳台栏杆和栏板从材料上分，有金属栏杆、钢筋混凝土栏杆和栏板、砖砌栏板等；从形式上分，有空花式、实体式及两者混合式三种形式（图 4.35）。

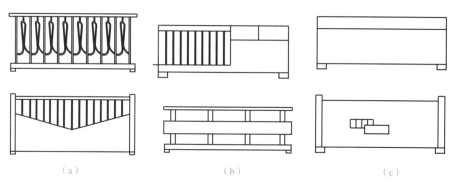

图 4.35　阳台栏杆形式
（a）空花式；（b）混合式；（c）实体式

金属栏杆一般用方钢、圆钢、扁钢和钢管等制成，通常需作防锈处理。金属栏杆与阳台板的连接可采用在阳台板上预留孔洞，将栏杆插入，再用水泥砂浆浇筑的方法；也可采用阳台板顶面预埋通长扁钢与金属栏杆焊接的办法（图 4.36）。

混凝土栏杆或栏板可预留钢筋与阳台板的预留钢筋及砌入墙内的锚固钢筋绑扎或焊接在一起；预制混凝土栏板也可顶埋铁件再与阳台板预埋钢板焊接。

砖砌体栏板的厚度一般为 120 mm，在栏板上部的压顶中加入 2Φ6 通长钢筋，并与砌入墙内的预留钢筋绑扎或焊接在一起。扶手应现浇，也可设置构造小柱与现浇扶手拉接，以增加砌体与栏板的整体性。

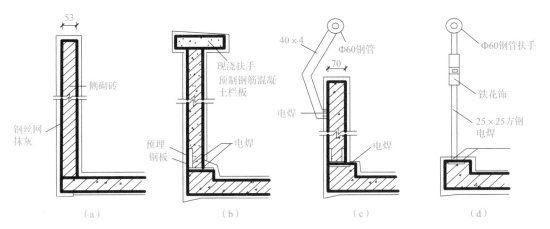

图 4.36　栏杆及扶手构造

（a）砖砌栏板；（b）预制钢筋混凝土栏板；（c）预制钢筋混凝土栏板及钢扶手；（d）金属栏杆

阳台的扶手宽一般至少为 120 mm，当上面放花盆时，不应小于 250 mm，且外侧应有挡板。

（2）阳台的排水。为防止雨水流入室内，阳台地面的设计标高应比室内地面低 30 ～ 50 mm。阳台地面向排水口做 1% ～ 2% 的坡度，防止雨水倒灌室内。阳台排水有外排水和内排水两种。外排水是在阳台外侧设置泄水管（俗称水舌）将水排出。泄水管为 $\phi40 \sim \phi50$ 的镀锌钢管或塑料管，挑出阳台栏板外面至少为 80 mm，以防落水溅到下面阳台。内排水适用于高层建筑或某些有特殊要求的建筑，其做法为在阳台内侧设置地漏和排水立管，将积水引入地下管网（图 4.37）。

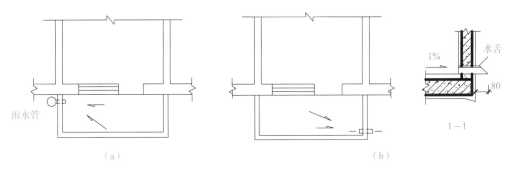

图 4.37　阳台排水构造

（a）水落管排水；（b）泄水管排水

4.5.2　雨篷

雨篷位于建筑物出入口的上方，主要目的是遮挡雨雪，为人们提供一个从室外到室内的过渡空间，同时还起到丰富建筑立面的作用。雨篷多为现浇钢筋混凝土悬挑构件，有板式和梁板式两种形式。板悬挑长度一般为 1 ～ 1.5 m；当挑出长度较大时，可做成挑梁式，为美观起见，可将挑梁上翻（图 4.38）。雨篷在构造上要注意防倾覆和板面排水。

雨篷 .PPT

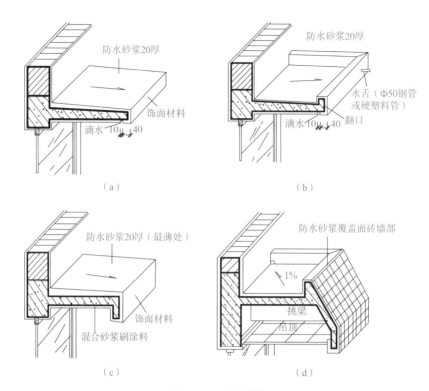

图 4.38　雨篷构造

（a）自由落水雨篷；（b）上翻口有组织排水；（c）下翻口自由落水；（d）带吊顶下挑梁有组织排水

👉 复习页

一、填空题

1. 楼板层通常由_____、_____、_____组成。

2. 应用最广泛的预制装配式楼板为_____。

3. 现浇水磨石地面为了美观及防止开裂，常用_____或_____分隔。

4. 预制板搁置在墙上时，应先在墙上铺设 20 mm 厚的_____。

5. 楼板层的面层即地面，主要起着保护楼板层、使用及_____作用。

6. 现浇钢筋混凝土楼板的制作工序：_____、_____、_____、_____。

7. 单梁式楼板的传力路线：_____→_____→_____。

8. 无梁楼板为增大柱对板的承托面积减小板跨，可在柱顶上加设_____、_____。

9. 雨篷在构造上需要解决好_____和_____两个问题。

10. 顶棚的类型有_____和_____。

二、选择题

1. 轻钢龙骨纸面石膏板整体式吊顶的缺点是（　　　）。

    A. 造价高   B. 整体性不好

    C. 开孔不方便，不利于布置灯具   D. 维修不方便

2. 以下不是压型钢板组合楼板的优点的是（　　　）。

　A. 省去了模板　　　　　　　　　　　B. 简化了工序

　C. 技术要求不高　　　　　　　　　　D. 板材易形成商品化生产

3. 现浇钢筋混凝土楼板的特点在于（　　　）。

　A. 施工简便　　　　　B. 整体性好　　　　　C. 工期短　　　　　D. 不需湿作业

4. 轻钢龙骨纸面石膏板整体式吊顶的主要优点是（　　　）。

（1）造价低　（2）整体性好　（3）板缝不易开裂　（4）维修方便

　A.（1）（3）　　　　　B.（2）（4）　　　　　C.（1）（2）　　　　　D.（2）（3）

三、判断题

1. 楼板主要是隔绝空气传来的噪声。（　　　）

2. 空心板的最大优点是隔声。（　　　）

3. 槽形板倒置可以满足隔声和平整的要求。（　　　）

4. 空心板不许三边支承，也不许四边支承。（　　　）

5. 现浇楼板可以2面、3面、4面支承。（　　　）

6. 除首层地面外，楼板层一律不设保温层。（　　　）

7. 常见的装配整体式钢筋混凝土楼板为叠合式构造做法。（　　　）

模块 5　楼梯与电梯

👉 引导页

学习目标

知识目标	1. 掌握楼梯的组成、类型、尺寸设计。 2. 熟悉现浇钢筋混凝土楼梯的结构形式和荷载传递特点。 3. 掌握楼梯踏步、栏杆扶手等的细部构造做法和要求。 4. 了解台阶和坡道的尺寸与构造，理解无障碍坡道的设计要求。 5. 了解电梯、自动扶梯和自动人行道的基本知识。
技能目标	1. 能够合理地选择楼梯的形式、尺度、材料、构造做法。 2. 能够依据规范标准对楼梯进行合理化设计。
素质目标	1. 培养严谨细致的工作态度，建立安全设计、安全施工意识。 2. 牢固树立"以人为本"观念，培养社会关怀意识。

学习要点

　　楼梯是建筑物中重要的结构构件，由梯段、平台和栏杆扶手组成。楼梯的位置应明显易找，光线充足，避免交通拥挤、堵塞，同时必须满足防火要求。

　　楼梯的尺寸包括坡度、楼梯间尺寸、梯段尺寸、踏步尺寸和平台尺寸等，都应符合相关规范的规定。

　　楼梯按结构形式可分为板式楼梯和梁式楼梯两种。

　　楼梯的细部构造包括踏步面层处理、扶手与栏杆的连接等。

　　台阶和坡道是建筑物入口处常用的连接室内外的垂直交通构造，用来满足室内外高差的要求。在尺寸和构造做法上需要考虑无障碍设计。

　　电梯是高层建筑的主要交通工具，由电梯井道、电梯机房、轿厢、井道地坑及导轨支架等部分组成。自动扶梯和自动人行道适用于有大量人流上下的公共场所，机器停转时可作临时楼梯使用。

参考资料

　　《民用建筑设计统一标准》（GB 50352—2019）。

《民用建筑通用规范》（GB 55031—2022）。

《建筑设计防火规范（2018年版）》（GB 50016—2014）。

《建筑防火通用规范》（GB 55037—2022）。

《楼梯栏杆及扶手》（JG/T 558—2018）。

《建筑与市政工程无障碍通用规范》（GB 55019—2021）。

🖝 工作页

一座二层办公建筑，层高为3.6 m，室内外高差0.45 m，楼梯一层平面图、二层平面图如图5.1和图5.2所示，结合图纸完成以下任务：

1. 根据图纸内容，填写表5.1中楼梯的数据信息。

2. 绘制楼梯剖面图，比例为1:50。图中应绘制踏步、平台板、平台梁、墙体、栏杆扶手和出入口等。被剖切开的部位填充材料图例，各竖向尺寸和标高标注完整清晰。

3. 绘制楼梯构造详图。根据本模块学习内容，结合相关标准图集，设计栏杆与扶手、栏杆与踏步的连接构造，可与剖面图绘制在一张图纸中。

4. 设计一层入口处交通设施。根据本模块学习内容，结合相关规范图集，设计入口形式、尺寸、构造等。在剖面图中体现入口设计，并单独绘制构造详图，可与剖面图、楼梯构造详图绘制在一张图纸中。提示：此处可以采用台阶、坡道或台阶+坡道组合形式；构造详图可采用剖面图，应能够展现此处构造具体做法、材料、层次等内容。

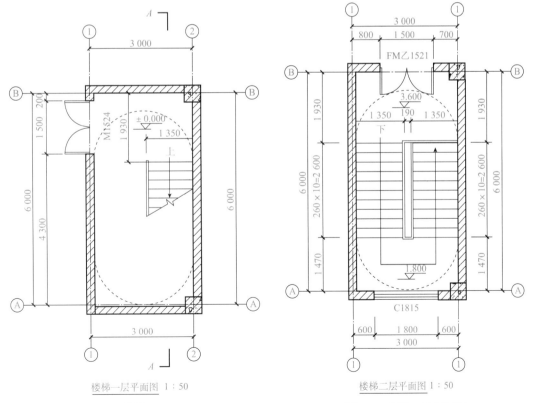

图 5.1　楼梯层平面图　　　　　　图 5.2　楼梯二层平面图

表 5.1 楼梯数据信息

楼梯组成	具体数据
楼梯间	楼梯形式是_____楼梯。 梯间开间_____，梯间进深_____。
梯段	扶手直径 =60 mm，墙体厚 =200 mm，梯井宽度 =_____。梯段宽度 =_____，梯段长度 =_____，设计要求每个梯段的踏步数量最多 =_____，最少 =_____。 梯段净高 =_____。设计要求应该 =_____。
平台	休息平台宽度 =_____。休息平台净宽 =_____。设计要求应该 =_____。
踏步	踏面宽度 =_____，梯面高度 =_____，楼梯坡度 =_____，每层踏步总数 =_____。

👉 学习页

建筑物的垂直交通设施主要有楼梯、电梯、自动扶梯、台阶和坡道等。其位置、数量、形式应符合有关规范和标准的规定，以满足人们垂直交通及紧急安全疏散的要求。

5.1　楼梯的组成、类型和设计要求

5.1.1　楼梯的组成

楼梯是由连续行走的梯级、楼梯平台和维护安全的栏杆（或栏板）、扶手以及相应的支承结构组成的作为楼层之间垂直交通用的建筑部件（图 5.3）。

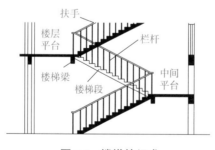

图 5.3　楼梯的组成

1. 楼梯梯段

楼梯梯段是楼梯的主要使用和承重部分，由若干个踏步构成。每个踏步一般由两个相互垂直的平面组成，供人们行走时脚踏的水平面称为踏面，与踏面垂直的平面称为踢面。踏面与踢面之间的尺寸关系决定了楼梯的坡度。为减少人们上下楼梯时的疲劳感及适应人们行走的习惯，公共楼梯每个梯段的踏步级数不应少于 2 级，且不应超过 18 级，超过 18 级设置休息平台作为缓冲。

2. 楼梯平台

楼梯平台是连接两个楼梯段的水平构件，可以使人们在上楼时得到短暂的休息，故又称休息平台。楼梯平台有楼层平台和中间平台之分，与楼层标高一致的平台称为楼层平台，位于两个楼层之间的平台称为中间平台。

3. 栏杆和扶手

栏杆和扶手是设置在梯段和顶层平台边缘的构件，要求其必须坚固可靠，并有保证安全的高度。栏杆、栏板上部供人们用手倚扶的配件，称为扶手。

5.1.2　楼梯的类型

楼梯有多种形式，在选择时应依据建筑物及使用功能的不同而定。

1. 按使用性质

楼梯按使用性质可分为主要楼梯、辅助楼梯、疏散楼梯、消防楼梯。

2. 按位置

楼梯按位置可分为室内楼梯和室外楼梯。

3. 按材料

楼梯按材料可分为钢筋混凝土楼梯、钢楼梯、木楼梯及组合材料楼梯。

4. 按楼梯间平面形式

楼梯按楼梯间平面形式可分为开敞式楼梯间、封闭式楼梯间、防烟式楼梯间（图 5.4）。

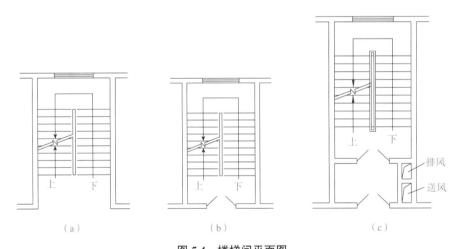

图 5.4　楼梯间平面图
（a）开敞式楼梯间；（b）封闭式楼梯间；（c）防烟式楼梯间

5. 按楼梯平面形式

楼梯按楼梯平面形式可分为单跑直楼梯、双跑直楼梯、双跑平行楼梯、三跑楼梯、双合平行楼梯、双分平行楼梯、弧线楼梯、螺旋楼梯、转角楼梯、双分转角楼梯、交叉楼梯、剪刀楼梯等（图 5.5）。

楼梯 .PPT

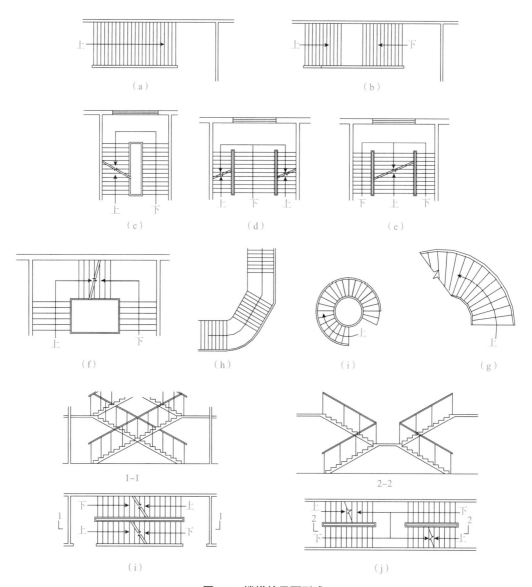

图 5.5　楼梯的平面形式

（a）单跑直楼梯；（b）双跑直楼梯；（c）双跑平行楼梯；（d）双合平行楼梯；（e）双分平行楼梯；
（f）三跑楼梯；（h）转角楼梯；（i）螺旋楼梯；（g）弧线楼梯；（i）剪刀楼梯；（j）交叉楼梯

5.1.3　楼梯的设计要求

楼梯作为建筑物的竖向交通设施，主要起联系上下层空间和紧急之用。因而楼梯的设计必须满足以下要求：

1.功能要求

楼梯的数量、位置、梯段净宽、楼梯间形式应满足使用方便和安全疏散的要求。

2.结构构造要求

楼梯应有足够的承载能力（住宅按 1.5 kN/m² ，公共建筑按 3.5 kN/m² 考虑），足够的采光能力（采光面积不应小于 1/12），较小的变形（允许挠度值为 1/400）等。

3. 防火、安全要求

楼梯间距、楼梯数量均应符合有关的要求。此外，楼梯四周至少有一面墙体为耐火墙体，以保证疏散安全。

《建筑防火通用规范》（GB 55037—2022）规定，公共建筑内每个防火分区或一个防火分区的每个楼层的安全出口不应少于 2 个；仅设置 1 个安全出口或 1 部疏散楼梯的公共建筑应符合下列条件之一：

（1）除托儿所、幼儿园外，建筑面积不大于 200 m² 且人数不大于 50 人的单层公共建筑或多层公共建筑的首层；

（2）除医疗建筑、老年人照料设施、儿童活动场所、歌舞娱乐放映游艺场所外，符合表 5.2 规定的公共建筑。

表 5.2　仅设置 1 个安全出口或 1 部疏散楼梯的公共建筑

建筑的耐火等级或类型	最多层数	每层最大建筑面积 /m²	人数
一、二级	3 层	200	第二、三层的人数之和不大于 50 人
三级、木结构建筑	3 层	200	第二、三层的人数之和不大于 25 人
四级	2 层	200	第二层人数不大于 15 人

住宅建筑中符合下列条件之一的住宅单元，每层的安全出口不应少于 2 个：

（1）任一层建筑面积大于 650 m² 的住宅单元；

（2）建筑高度大于 54 m 的住宅单元；

（3）建筑高度不大于 27 m，但任一户门至最近安全出口的疏散距离大于 15 m 的住宅单元；

（4）建筑高度大于 27 m、不大于 54 m，但任一户门至最近安全出口的疏散距离大于 10 m 的住宅单元。

4. 施工、经济要求

选择装配式做法时，应使构件重量适当，不宜过大。

5.2　楼梯的尺度

5.2.1　楼梯段及平台宽度

1. 楼梯段的宽度

楼梯段的宽度应根据通行人流的股数、搬运家具及建筑的防火要求确定。供日常交通用的公共楼梯的梯段最小净宽应根据建筑物使用特征，按人流股数和每股人流宽度 0.55 m 确定，并不应少于 2 股人流的宽度。在防火标准中，两股人流最小宽度不应小于 1.10 m。

而实际上人体在行进中有一定摆幅和相互间空隙，每股人流宽度为 0.55 m+（0 ~ 0.15）m，（0 ~ 0.15）m 即为人流众多时的附加值。此外，单人行走楼梯梯段宽度还需要适当加大（图 5.6）。

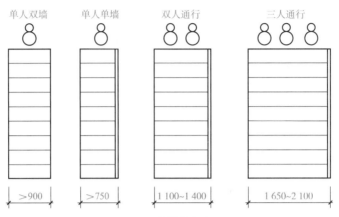

图 5.6　楼梯梯段净宽

梯段最小净宽

　　《民用建筑通用规范》（GB 55031—2022）对梯段最小净宽的规定：当公共楼梯单侧有扶手时，梯段净宽应按墙体装饰面至扶手中心线的水平距离计算。当公共楼梯两侧有扶手时，梯段净宽应按两侧扶手中心线之间的水平距离计算。当有凸出物时，梯段净宽应从凸出物表面算起。靠墙扶手边缘距墙面完成面净距不应小于 40 mm。

2. 平台宽度

　　楼梯休息平台宽度是指墙面装饰完成面至扶手中心线之间的水平距离。为确保通过楼梯段的人流通行顺畅和搬运家具设施的方便，当梯段改变方向时，楼梯休息平台的最小宽度不应小于梯段净宽，并不应小于 1.20 m；当中间有实体墙时，扶手转向端处的平台净宽不应小于 1.30 m。直跑楼梯的中间平台宽度不应小于 0.90 m。

楼梯平台宽度

　　当楼梯休息平台有凸出物或其他障碍物影响通行宽度时，楼梯平台宽度应从凸出部分或其他障碍物外缘算起。当框架梁底距楼梯平台地面高度小于 2.00 m 时，或设置与框架梁内侧面齐平的平台栏杆（板）等，楼梯平台的净宽应从框架梁或栏杆（板）内侧算起。

　　为了避免正对楼梯梯段开门紧临踏步的危险隐患发生，公共楼梯正对（向上、向下）

梯段设置的楼梯间门距踏步边缘的距离不应小于 0.60 m（图 5.7）。

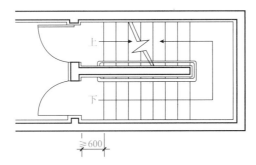

图 5.7　正对梯段设置的楼梯间门距踏步边缘的最小距离

5.2.2　楼梯的坡度

楼梯的坡度是指梯段的斜率，用斜面与水平面的夹角表示。楼梯的坡度小，踏步相对就平缓，则行走较舒适，但占地面积大，会造成投资增加，对经济有影响；反之，行走会吃力。

楼梯的允许坡度范围为 23°～45°。通常情况下应将楼梯坡度控制在 38° 以内；当坡度小于 20° 时，采用坡道；当坡度大于 45° 时，则采用爬梯（图 5.8）。

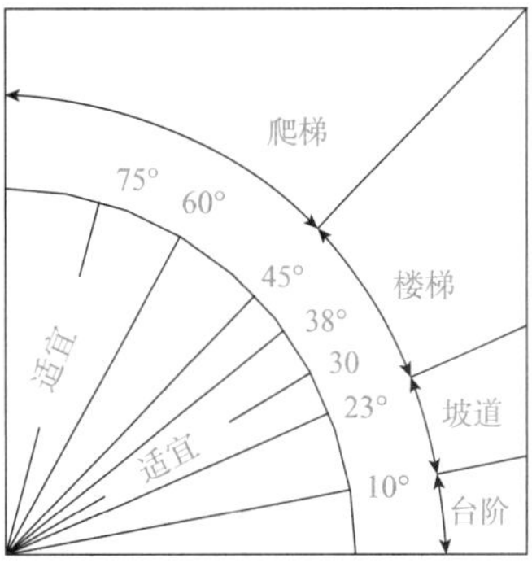

5.2.3　踏步尺寸

图 5.8　楼梯、爬梯、坡道的坡度范围

楼梯踏步由踏面和踢面组成。踏步尺寸包括踏步宽度和踏步高度（图 5.9）。踏步的宽度和高度决定了楼梯的坡度，而梯段坡度的确定又限制了踏步尺寸的选择。

为保证人们行走时的舒适，踏面的宽度应以成年男子脚全部落到踏面为基准。计算踏步的高度和宽度可利用下面的经验公式：

$$2h+b=S=600～620 \text{ mm}$$

式中　h——踏步高度，一般不应大于 180 mm；

　　　b——踏步宽度；

　　　s——跨步长度，一般人的平均步距为 600～620 mm。

根据《民用建筑通用规范》（GB 55031—2022）规定，公共楼梯踏步的最小宽度和最大高度应符合表 5.3。

表 5.3　公共楼梯踏步的最小宽度和最大高度

楼梯类别	最小宽度	最大高度
以楼梯作为主要垂直交通的公共建筑、非住宅类居住建筑的楼梯	0.26	0.165
住宅建筑公共楼梯、以电梯作为主要垂直交通的多层公共建筑和高层建筑裙房的楼梯	0.26	0.175
以电梯作为主要垂直交通的高层和超高层建筑楼梯	0.25	0.180
注：表中公共建筑及非住宅类居住建筑不包括托儿所、幼儿园、中小学及老年人照料设施。		

螺旋楼梯和扇形踏步离内侧扶手中心 0.25 m 处的踏步宽度不应小于 0.22 m。

在设计踏步宽度时，当楼梯间深度受到限制，踏面宽度不能满足最小尺寸要求时，为保证踏面宽有足够尺寸而又不增加总进深，可采用出挑踏口或将踢面向外倾斜的方法（增加凸缘），一般踏口挑出长度不超过 20 ～ 25 mm（图 5.9）。

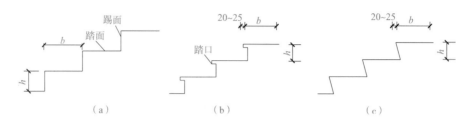

图 5.9 踏步尺寸
（a）无凸缘；（b）有凸缘（挑踏口）；（c）有凸缘（斜踢板）

每个梯段的踏步高度、宽度应一致，相邻梯段踏步高度差不应大于 0.01 m，且踏步面应采取防滑措施。

5.2.4 楼梯的净空高度

楼梯的净空高度包括楼梯段的净高和平台过道处的净高。公共楼梯休息平台上部及下部过道处的净高不应小于 2.00 m，梯段净高不应小于 2.20 m（图 5.10）。梯段净高为自踏步装饰面前缘（包括最低和最高一级踏步前缘线以外 0.30 m 范围内）量至上方突出物装饰面下缘间的垂直高度。

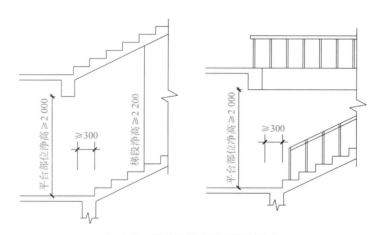

图 5.10 梯段及平台部位净高要求

在住宅建筑中，房屋的层高往往较低，且常利用楼梯间作为出入口，因而，平台下通行时净高的设计非常重要。

当楼梯底层中间平台下做通道时，为实现下部净高 ≥ 2.0 m 的要求，通常采用以下几种方法（图 5.11）：

（1）增加第一段楼梯的踏步数，将一层楼梯设计成长短跑。

（2）降低底层中间平台下的地面标高，即将部分室外台阶移至室内。但应注意降低后的室内地面标高至少比室外地面高出一个台阶的高度（150 mm）；另外，移至室内的踏步前缘线与上方平台梁的内缘线间的水平距离应 ≥ 500 mm。

（3）将以上两种方法结合，既增加第一梯段的踏步数，又降低首层中间平台下的地面标高。

（4）将首层楼梯设计成直跑楼梯。

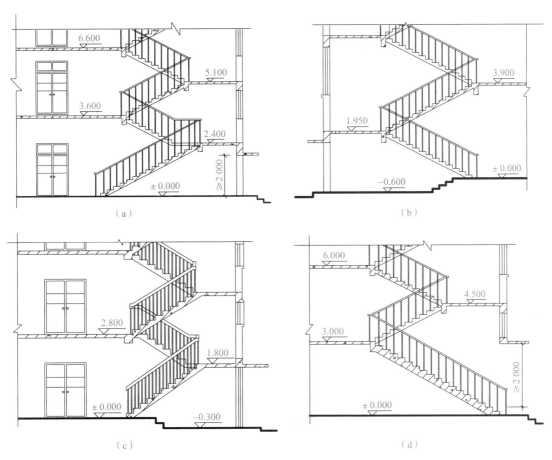

图 5.11　平台下作出入口时楼梯净高设计方式
(a) 首层设计成长短跑；(b) 降低首层平台下室内地面标高；(c) (a) 与 (b) 结合；(d) 首层采用直跑梯段

5.2.5　栏杆和扶手

楼梯在靠近梯井一侧应加设栏杆或栏板，顶部做扶手。楼梯应至少于一侧设扶手，梯段净宽达三股人流时应两侧设扶手，达四股人流时宜加设中间扶手。楼梯栏杆应选用坚固、光滑、耐磨、美观的材料制作，并具有一定的强度和抵抗侧向推力的能力。同时，还应充分考虑到栏杆对建筑室内空间的装饰效果，应具有美观的形象。

室内楼梯扶手高度自踏步前缘线量起不宜小于 0.9 m。楼梯水平栏杆或栏板长度大于 0.5 m 时，其高度不应小于 1.05 m。室外楼梯临空处应设置防护栏杆，栏杆（栏板）垂直高度不应小于 1.10 m。按照《建筑与市政工程无障碍通用规范》（GB 55019—2021）规定，满足无障碍要求的单层扶手的高度应为 850 ～ 900 mm；设置双层扶手时，上层扶手高度应为 850 ～ 900 mm，下层扶手高度应为 650 ～ 700 mm。

5.3　现浇钢筋混凝土楼梯

现浇钢筋混凝土楼梯是指楼梯段和楼梯平台整体浇筑在一起的楼梯。此楼梯整体性好、刚度大，有利于抗震，且不需要大型起重设备，但现浇楼梯施工进度慢、耗费模板多、施工程序较复杂，此类楼梯广泛应用于大量性建筑中。对形状复杂的楼梯如螺旋楼梯、弧形楼梯等，采用现浇容易实现。

5.3.1　现浇钢筋混凝土楼梯的结构

现浇钢筋混凝土楼梯根据楼梯段的传力与结构形式的不同，有板式楼梯和梁式楼梯两种。

1. 板式楼梯

板式楼梯是指由梯段板承受该梯段的全部荷载，并将荷载传递至两端梯梁上的楼梯（图 5.12）。荷载（包括梯段板自重）由梯段板传给其上下两端的梯梁，再由梯梁传给左右两侧的柱（墙）或框架梁。板式楼梯的特点是受力简单，底面平整、光洁，施工方便。当梯段板的跨度较大或梯段上的使用荷载较大时，都会使梯段板厚度增大，自重增加，不够经济合理，所以它适用于荷载较小、建筑层高较小的情况，如住宅、宿舍。

板式楼梯 .MP4

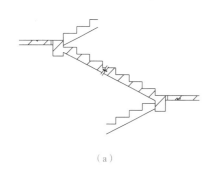  

（a）　　　　　　　　　　（b）　　　　　　　　　　（c）

图 5.12　现浇钢筋混凝土板式楼梯
（a）板式楼梯；（b）板式楼梯梯段 1；（c）板式楼梯梯段 2

2. 梁式楼梯

梁式楼梯是指梯段踏步板搁置在斜梁上，斜梁搁置在上下两端梯梁上的楼梯。荷载由梯段踏步板传给斜梁，斜梁传给梯梁，再由梯梁传给左右两侧的柱（墙）或框架梁（图 5.13）。对梁式楼梯，其特点是传力较复杂，底面不平整，支模施工难度大，不易清扫。但可节约材料、减轻自重。所以它适用于荷载较大、梯段跨度较大的情况，如商场、教学楼等公共建筑。

梁式楼梯的斜梁做法有明步和暗步（图 5.14）。从梯段侧面能看见踏步的称为明步，斜梁翻上到踏步板上面的称为暗步。暗步楼梯应用较广，因为这种做法易清除物品且能阻挡梯段侧面清洗踏步的脏水下落。

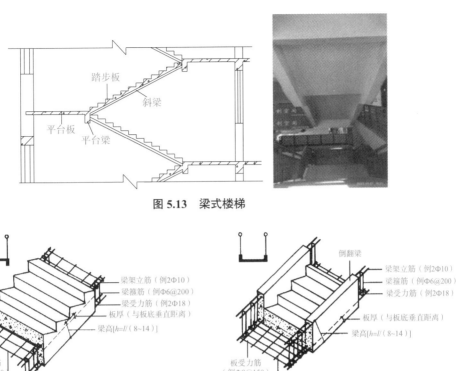

图 5.13　梁式楼梯

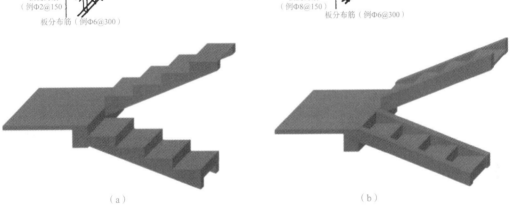

（a）　　　　　　　　　　　　　　（b）

图 5.14　明步楼梯和暗步楼梯
（a）明步楼梯；（b）暗步楼梯

5.3.2　楼梯的细部构造

1. 踏步面层

楼梯踏面应平整耐磨，易于清扫且美观。踏面材料常采用水泥砂浆、水磨石、天然石材及铺地面砖等（图 5.15）。通常情况下，公共建筑楼梯的踏步面层与走廊地面面层采用相同的材料。

为防止踏步面层光滑而造成行人跌滑，特别是水磨石及天然石材等光滑面层易造成危险，常常须在踏步接近踏口处做出略高于踏面的防滑条。防滑条的材料有多种，如水泥铁屑、金刚砂、金属条、马赛克等（图 5.16）。

图 5.15　楼梯踏面

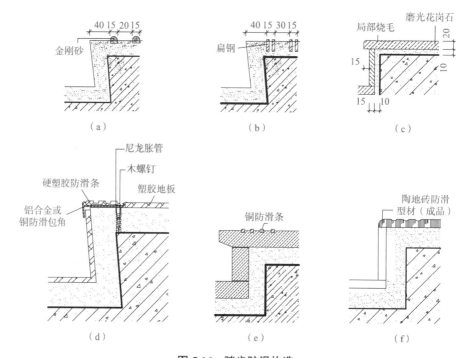

图 5.16 踏步防滑构造
（a）水泥金刚砂防滑条；（b）扁钢防滑条；（c）石材踏步烧毛防滑条；（d）硬塑胶防滑条；
（e）石材踏步铜防滑条；（f）陶地砖成品防滑砖

2. 栏杆和扶手

（1）栏杆。

①栏杆形式。根据栏杆构造做法，有空花栏杆、实心栏板和组合式栏杆。

a. 空花栏杆：多用方钢、圆钢、钢管、扁钢及不锈钢等金属材料制作。可制成不同的图案，既起防护作用，又起装饰作用。住宅建筑和儿童使用的楼梯，栏杆的垂直构件之间的净间距不应大于 110 mm，并不易设横向花格，以防儿童攀爬。常见栏杆的形式如图 5.17 所示。

栏杆扶手 .PPT

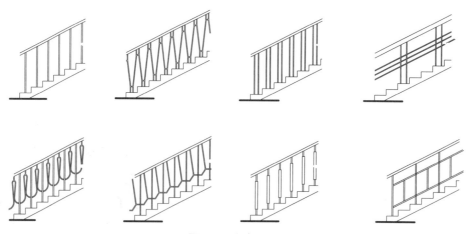

图 5.17 栏杆形式

b. 栏板：多用钢筋混凝土板、砖砌体、有机玻璃、钢丝网等制作。钢筋混凝土及砖砌栏板多用于室外。砖砌栏板用普通砖立砌，为保证其稳定性，在栏板内每隔一段距离设构造柱，并与现浇混凝土扶手浇成整体。图 5.18 所示为常见的栏板构造。

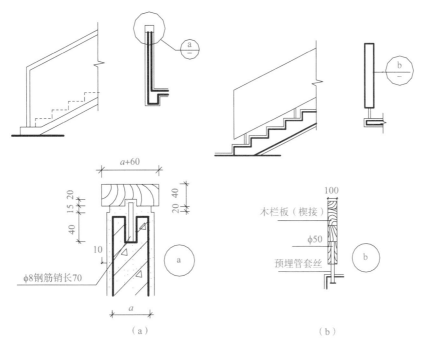

图 5.18　栏板构造
（a）钢筋混凝土栏板；（b）木栏板

c. 组合式栏杆：以上两种栏杆形式的组合。空花部分一般采用金属，栏板部分采用钢筋混凝土、砖、有机玻璃等。

② 栏杆与梯段和平台的连接。栏杆与梯段和平台的连接主要有三种方式（图 5.19）：一是钢制栏杆与梯段中预埋的铁件焊接；二是将栏杆插入梯段上的预留孔中，然后用细石混凝土或砂浆捣实；三是先用电钻钻孔，然后用膨胀螺栓与栏杆固定牢固。

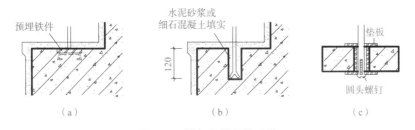

图 5.19　栏杆与梯段的连接
（a）预埋铁件焊接；（b）预留孔洞插接；（c）螺栓连接

（2）扶手。楼梯扶手位于栏杆顶部或中部，其目的是供人们上下楼梯倚扶。扶手按材料分木扶手、金属扶手、塑料扶手或石材类扶手等（图 5.20）。扶手顶面宽度不宜大于90 mm。

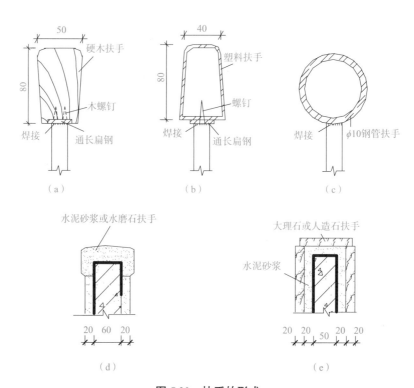

图 5.20　扶手的形式

（a）硬木扶手；（b）塑料扶手；（c）金属扶手；（d）水泥砂浆（水磨石）扶手；

（e）天然石（或人工石）扶手

通常情况下，木扶手用木螺钉通过扁铁与栏杆连接；塑料扶手和金属扶手通过焊接或螺钉连接；靠墙扶手由预埋铁脚的扁钢与木螺钉固定（图 5.21）。

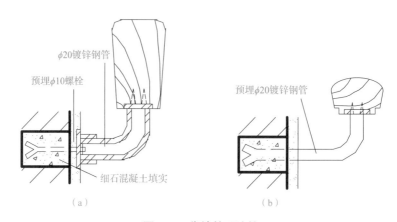

图 5.21　靠墙扶手连接

（a）预埋螺栓；（b）预埋连接件

上下梯段的扶手在平台转弯处通常存在高差，制作时应进行调整（图 5.22）。当上下梯段在同一位置起步时，可把楼梯井处的横向扶手倾斜设置，连接上下两段扶手；如果把平台处栏杆外伸约 1/2 踏步或将上下梯段错开一个踏步，也可使扶手连接适宜，但这种方法栏杆占用平台尺寸较多，使楼梯的面积增加（图 5.23）。

(a)   (b)

图 5.22 转折处扶手处理
（a）转折处扶手安装；（b）转折处扶手

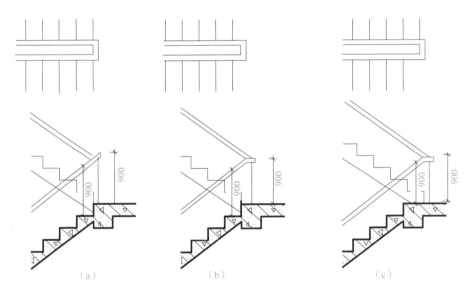

(a)   (b)   (c)

图 5.23 转折处扶手高差处理
（a）鹤颈扶手；（b）栏杆扶手伸出踏步半步；（c）上下行梯段错开一步

5.4 台阶与坡道

5.4.1 台阶

  台阶是连接室外或室内的不同标高的楼面、地面，供人行的阶梯式交通道，由踏步和平台组成（图 5.24）。常见的形式有单面踏步、双面踏步、三面踏步、单面踏步带花池（花台）等（图 5.25）。

根据《民用建筑设计统一标准》（GB 50352—2019），台阶设置应符合下列规定：

（1）公共建筑室内外台阶踏步宽度不宜小于 0.3 m，踏步高度不宜大于 0.15 m，且不宜小于 0.1 m；

（2）踏步应采取防滑措施；

（3）室内台阶踏步数不宜少于 2 级，当高差不足 2 级时，宜按坡道设置；

（4）台阶总高度超过 0.7 m 时，应在临空面采取防护设施。

台阶坡度一般较楼梯平缓，每级踏步宽度为 300 ～ 400 mm，高度为 100 ～ 150 mm。为满足使用要求，平台的宽度应大于门洞口宽度，一般至少每边宽出 500 mm，平台深度不应小于 1.0 m。

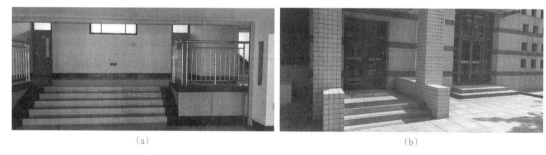

图 5.24　台阶
（a）室内台阶；（b）室外台阶

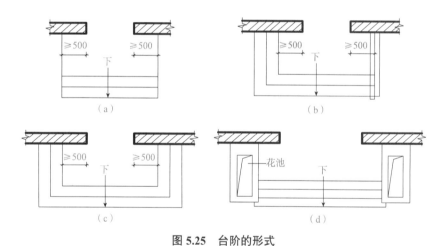

图 5.25　台阶的形式
（a）单面踏步；（b）两面踏步；（c）三面踏步；（d）带花池单面踏步

台阶采用的材料应坚固耐磨，且有良好的抗冻性。常见的有水泥砂浆、混凝土、水磨石、缸砖、天然石材等。对冰冻地区要做好防滑处理（图 5.26）。

台阶构造：由面层和结构层组成，图 5.27 所示为混凝土及石台阶构造。结构层应采用抗冻和防水性能好且材质坚实的材料。为防止台阶与建筑物间产生裂缝，宜在建筑主体完成且有一定的沉降后施工；对有特殊要求

图 5.26　石材台阶防滑处理

的台阶如行车要求，可在台阶中配置钢筋；在寒冷地区施工，为避免冻胀对台阶的影响，可先换去台阶下冻土再施工台阶；在一定情况下也可采用钢筋混凝土架空台阶。

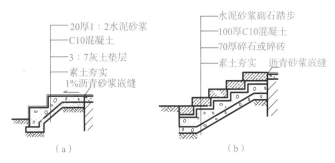

花岗岩板
台阶.MP4

图 5.27　台阶构造
（a）混凝土台阶；（b）石台阶

5.4.2　坡道

坡道是连接室外或室内的不同标高的楼面、地面，供人行或车行的斜坡式交通道（图 5.28）。坡道按照用途，可以分为行车坡道和轮椅坡道两类。行车坡道一般布置在某些大型公共建筑的入口处，如办公楼、旅馆、医院等。

根据《民用建筑设计统一标准》（GB 50352—2019），坡道设置应符合下列规定：

（1）室内坡道坡度不宜大于 1:8，室外坡道坡度不宜大于 1:10；

（2）当室内坡道水平投影长度超过 15.0 m 时，宜设休息平台，平台宽度应根据使用功能或设备尺寸所需缓冲空间而定；

（3）坡道应采取防滑措施；

（4）当坡道总高度超过 0.7 m 时，应在临空面采取防护设施。

图 5.28　坡道

🅒 知识链接

轮椅坡道是专供残疾人使用的设施。为了保障残疾人、老年人、孕妇等社会成员通行安全和使用便利，20 世纪 90 年代我国提出在住宅建筑设计中应有无障碍设计的要求；如今，已要求在各类建筑中均进行无障碍设计。

北京大兴国际机场建设采用高标准、高规格的无障碍环境设计，把关爱融入每个细微之处，场内无障碍设施应用全面、系统，覆盖广泛、功能完善，真正实现"全程无障碍"乘机，为残障人士等特殊旅客创造了更加安全、便利、舒适的出行环境，形成中国特色的设计方案。

大兴国际机场——
无障碍设计.PPT

根据《建筑与市政工程无障碍通用规范》（GB 55019—2021），作为无障碍通行设施的轮椅坡道，应符合下列规定：

（1）轮椅坡道横向坡度不应大于 1:50，纵向坡度不应大于 1:12，当条件受限且坡段起止点的高差不大于 150 mm 时，纵向坡度不应大于 1∶10。

（2）每段坡道的提升高度不应大于 750 mm。

（3）轮椅坡道的通行净宽不应小于 1.20 m。

（4）轮椅坡道的起点、终点和休息平台的通行净宽不应小于坡道的通行净宽，水平长度不应小于 1.50 m，门扇开启和物体不应占用此范围空间。

（5）轮椅坡道的高度大于 300 mm 且纵向坡度大于 1∶20 时，应在两侧设置扶手，坡道与休息平台的扶手应保持连贯。

（6）设置扶手的轮椅坡道的临空侧应采取安全阻挡措施。

坡道一般均采用实铺，构造要求与台阶基本相同。坡道材料常见的有混凝土、石块等，面层有水泥砂浆、水磨石等，且必须做防滑处理。其构造如图 5.29 所示。

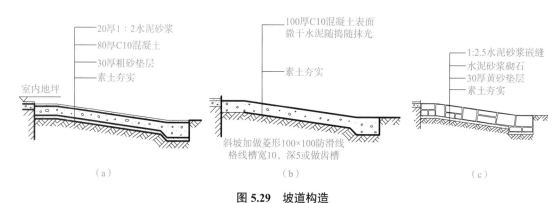

图 5.29 坡道构造
（a）混凝土坡道；（b）混凝土防滑坡道；（c）砌石坡道

5.5 电梯、自动扶梯和自动人行道

电梯是多层及高层建筑中常用的垂直交通设备。电梯主要有客梯、货梯和专用电梯三种类型。

自动扶梯和自动人行道是由电动机械牵引，梯级连同扶手同步循环运行，用于向上或向下倾斜运送乘客的固定电力驱动设备。

5.5.1 电梯

1. 电梯设置要求

根据《民用建筑通用规范》（GB 55031—2022）和《民用建筑设计统一标准》（GB 50352—2019）规定，电梯设置应符合下列要求：

（1）高层公共建筑和高层非住宅类居住建筑的电梯台数不应少于 2 台。

（2）建筑内设有电梯时，至少应设置 1 台无障碍电梯。

（3）电梯的设置，单侧排列时不宜超过 4 台，双侧排列时不宜超过 2 排 ×4 台；高层建筑电梯分区服务时，每服务区的电梯单侧排列时不宜超过 4 台，双侧排列时不宜超过 2

排 ×4 台。

（4）电梯不应作为安全出口。

（5）电梯不应在转角处贴邻布置，且电梯井不宜被楼梯环绕设置。

（6）电梯井道和机房与有安静要求的用房贴邻布置时，应采取隔振、隔声措施。

（7）电梯机房应采取隔热、通风、防尘等措施，不应直接将机房顶板作为水箱底板，不应在机房内直接穿越水管或蒸汽管。

2. 电梯的组成

电梯的设备组成包括轿厢、导轨支架、机房设备，土建组成包括电梯井道、地坑和机房（图 5.30）。其中，轿厢是由电梯厂专业生产的，并由专业公司负责安装。电梯机房通常设在井道顶部，在井道下部设地坑。

电梯 .PPT

（1）电梯井道。电梯井道是电梯轿厢运行的通道。井道内部设置电梯导轨、平衡配重、缓冲器等设备。不同用途的电梯，井道的平面形式不同，图 5.31 所示为客梯、病床梯、货梯的井道平面形式。

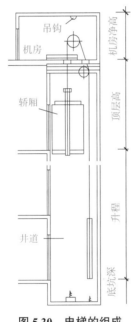

图 5.30 电梯的组成

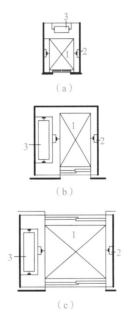

图 5.31 电梯井道平面
（a）客梯；（b）病床梯；（c）货梯

电梯井道可以用砖砌筑，也可以采用现浇钢筋混凝土墙体。砖砌井道一般每隔一段应设置钢筋混凝土圈梁，供固定导轨等设备用。

电梯井道必须做好防火、隔声、通风及检修。井道的防火一般是在井道壁采用钢筋混凝土材料，电梯门采用甲级防火门，使电梯井道形成封闭的空间，隔断火势的蔓延。井道的隔声可采用在机座下设弹性垫层或在紧邻机房的井道中设置夹层，以隔绝井道中传播气体噪声的途径。井道的通风可在地坑、井道中部和顶部设置，面积不小于 300 mm × 600 mm。

井道的检修采用在上下部预留空间的方法，大小据电梯运行速度选用。

（2）电梯机房。电梯机房一般设在电梯井道的顶部。其尺寸根据设备尺寸及管理和维修的要求确定。电梯机房的平面、剖面尺寸及内部设备布置、孔洞位置和尺寸，目前均由电梯生产厂家给出。

（3）井道地坑。井道地坑设在最底层平面标高以下，其空间的设置是考虑电梯停靠时需安装缓冲器的空间。

（4）电梯轿厢及其他构件。轿厢一般采用金属框架结构，内部用光洁钢板作壁面、地面和不锈钢操纵板等，入口处采用钢材或其他材料制成的电梯门槛。导轨及导轨支架等不再详述。

5.5.2 自动扶梯和自动人行道

自动扶梯和自动人行道适用于有大量人流上下的公共场合（图5.32）。其由电机驱动，踏步与扶手同步运转，可以正、反向运行，停机时可当作临时楼梯使用。

（a）

（b）

图5.32　自动扶梯和自动人行道
（a）自动扶梯；（b）自动人行道

根据《民用建筑通用规范》（GB 55031—2022）和《民用建筑设计统一标准》（GB 50352—2019）规定，自动扶梯和自动人行道应符合下列要求：

（1）自动扶梯和自动人行道不应作为安全出口。出入口畅通区的宽度从扶手带端部算起不应小于2.5 m，人员密集的公共场所的畅通区宽度不宜小于3.5 m。

（2）扶梯与楼层地板开口部位之间应设防护栏杆或栏板。位于中庭中的自动扶梯或自动人行道临空部位应采取防止人员坠落的措施。

（3）两梯（道）相邻平行或交叉设置，当扶手带中心线与平行墙面或楼板（梁）开口边缘完成面之间的水平投影距离、两梯（道）之间扶手带中心线的水平距离小于 0.50 m 时，应在产生的锐角口前部 1.00 m 处范围内，设置具有防夹、防剪的保护设施或采取其他防止建筑障碍物伤害人员的措施。

（4）自动扶梯的梯级、自动人行道的踏板或传送带上空，垂直净高不应小于 2.30 m。

（5）栏板应平整、光滑和无突出物；扶手带顶面距自动扶梯前缘、自动人行道踏板面或胶带面的垂直高度不应小于 0.9 m。

（6）自动扶梯的倾斜角不宜超过 30°，额定速度不宜大于 0.75 m/s；当提升高度不超过 6.0 m，倾斜角小于等于 35° 时，额定速度不宜大于 0.5 m/s；当自动扶梯速度大于 0.65 m/s 时，在其端部应有不小于 1.6 m 的水平移动距离作为导向行程段。

（7）倾斜式自动人行道的倾斜角不应超过 12°，额定速度不应大于 0.75 m/s。当踏板的宽度不大于 1.1 m，并且在两端出入口踏板或胶带进入梳齿板之前的水平距离不小于 1.6 m 时，自动人行道的最大额定速度可达到 0.9 m/s。

（8）当自动扶梯和层间相通的自动人行道单向设置时，应就近布置相匹配的楼梯。

自动扶梯的角度比较平缓，一般选用 30°，宽度有单人和双人两种。自动扶梯的载客能力较强，可达到每小时 4 000 ～ 10 000 人。其规格尺寸见表 5.4，基本尺寸如图 5.33 所示。

表 5.4　自动扶梯型号规格

梯形	输送能力 /（人·h⁻¹）	提升高度 /m	速度 /（m·s⁻¹）	扶梯宽度 /mm	
				净宽	外宽
单人梯	5 000	3 ～ 10	0.5	600	1 350
双人梯	8 000	3 ～ 8.5	0.5	1 000	1 750

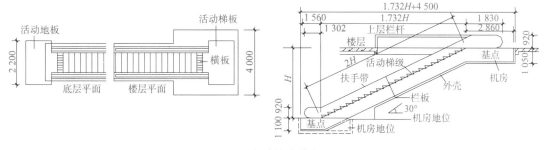

图 5.33　自动扶梯基本尺寸

🔖 复习页

一、填空题

1. 坡道的特点是通行方便、省力，但占建筑面积较大，室内坡道常小于_____。

2. 楼梯坡度以_____左右为宜。

3. 现浇钢筋混凝土楼梯根据楼梯跑的结构来分类，有板式和____两种。

4. 在室外台阶与出入口之间一般设有平台，平台表面比室内地面的标高略低_____ mm。

5. 在装配式钢筋混凝土楼梯中，预制踏步的支承结构一般有梁支承、墙支承以及_____三种。

6. 楼梯休息平台深度一般应_____梯段宽度。

7. 楼梯平台的主要作用是_____和_____。

8. 楼梯的数量、位置及形式要满足使用方便和_____的要求。

9. 楼梯按照其传力特点，分为_____楼梯和_____楼梯两种结构形式。

10. 楼梯由_____、_____、_____、_____组成。

11. 楼梯按结构形式分，有_____和_____两类。

二、选择题

1. 楼梯梯段的长度不应大于（　　　　）级。

　　A. 12　　　　　　　　　　　　　　B. 13

　　C. 15　　　　　　　　　　　　　　D. 18

2. 下列材料中，不宜用于防滑条的为（　　　　）。

　　A. 金刚砂　　　　　　　　　　　　B. 缸砖

　　C. 水磨石　　　　　　　　　　　　D. 钢板

3. 公共建筑的楼梯梯段净宽按防火要求最小尺寸为（　　　　）mm。

　　A. 1 000　　　　　　　　　　　　B. 1 100

　　C. 1 200　　　　　　　　　　　　D. 1 500

4. 一般楼梯平台部分的净高应不小于（　　　　）mm。

　　A. 1 800　　　　　B. 2 000　　　　　C. 2 200　　　　　D. 2 400

5. 一般楼梯梯段部分的净高不小于（　　　　）mm。

　　A. 1 800　　　　　B. 2 000　　　　　C. 2 200　　　　　D. 2 400

6. 一般公共建筑梯段的最小宽度不应小于（　　　　）mm。

　　A. 1 100　　　　　B. 1 000　　　　　C. 900　　　　　D. 1 200

三、判断题

1. 楼梯下设出入口，必须降低休息平台下的标高。（　　　　）

2. 楼梯（双跑）的进深主要取决于层高、踏步尺寸。（　　　　）

3. 公共建筑的楼梯梯段宽度最小≥1 200 mm。（　　　　）

4. 楼梯休息平台的进深必须大于梯段宽。（　　　　）

5. 楼梯平台下的最小允许净高为 2 m。（　　　　）

6. 楼梯开间为 2 700 mm 时，平台处的结构高度为 270 mm。（　　　　）

7. 楼梯段的踏步级数最多不得超过 18 级，最少不得少于 3 级。（　　　　）

四、看图填空题

1. 根据如图 5.34 所示楼梯外观图，填写对应的构造名称。

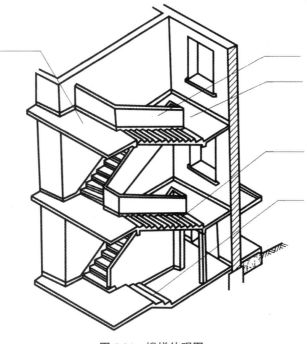

图 5.34　楼梯外观图

2. 填写图 5.35 中对应构造名称及其建筑做法。

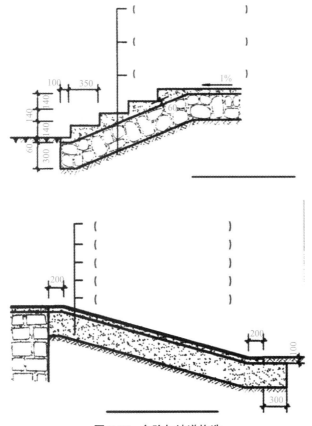

图 5.35　台阶与坡道构造

模块6 屋面

学习目标

知识目标	1. 掌握屋面类型，了解我国传统建筑屋面形式和结构构造。 2. 熟悉屋面设计要求，掌握屋面防水要求。 3. 掌握屋面排水组织方式、构造要求和做法。 4. 熟悉平屋面构造层次，掌握各构造层功能特点和做法，掌握平屋顶细部构造做法。 5. 熟悉坡屋面结构类型，掌握坡屋面典型构造做法。
技能目标	1. 能够进行基本的屋面排水组织设计。 2. 能够准确识读屋面施工图。 3. 能够正确识读标准图集屋面构造详图。 4. 能够根据实际工程情况设计平屋面和坡屋面构造层次和细部构造，并经济合理地选用相关建筑材料。 5. 能够利用平屋面和坡屋面保温隔热措施解决建筑节能问题。
素质目标	1. 提高文化自信、技术自信意识。 2. 锤炼敬业、精益、专注、创新的工匠精神。

学习要点

屋面按坡度和结构形式的不同，分为平屋面、坡屋面和其他形式的屋面。屋面排水方式分为有组织排水和无组织排水两种。有组织排水方案可分为外排水和内排水。常用的外排水方式有檐沟外排水、承雨斗外排水、天沟外排水和暗管外排水四种。

平屋面按屋面防水层材料的不同，可分为卷材防水屋面和涂膜防水屋面。屋面的基本构造层次为结构层、找平层、结合层、防水层和保护层等。细部构造中重点处理好泛水、天沟、檐口、雨水口、变形缝等部位。坡屋面主要由承重结构和屋面面层组成。根据面层材料，一般分为瓦屋面和金属板屋面两类。

屋面根据保温层在屋面中的具体位置，有正置式和倒置式两种处理方式。平屋面隔热措施有蓄水隔热屋面、通风隔热屋面、植被隔热屋面等；坡屋面的隔热主要采用通风屋面。

《民用建筑通用规范》(GB 55031—2022)。

《民用建筑设计统一标准》(GB 50352—2019)。

《屋面工程技术规范》(GB 50345—2012)。

《建筑与市政工程防水通用规范》(GB 55030—2022)。

《坡屋面工程技术规范》(GB 50693—2011)。

《建筑屋面雨水排水系统技术规程》(CJJ 142—2014)。

《种植屋面工程技术规程》(JGJ 155—2013)。

工作页

淄博市某小学四层教学楼，砖混结构，女儿墙上人屋面，有组织外排水，教学区层高为3.60 m，办公区层高为3.30 m，教学区与办公区的交接处做错层处理。教学楼平面图、剖面图和屋面构造详图如图6.1所示。根据模块六学习内容，结合相关规范图集，完成该屋面排水组织设计、防水层设计和其他构造层次设计。

[错层是指在建筑中同层楼板不在同一高度，并且高差大于梁高（或大于500 mm）的结构类型。]

1. 排水组织设计

设计内容：排水坡划分、排水坡坡度、雨水口数量、雨水口位置、檐沟坡度、分水线位置，绘制教学楼屋顶平面图。

设计要求：

（1）比例1:100、图纸A2，或比例1:200、图纸A3。

（2）图线：女儿墙轮廓线、檐沟线、变坡线、分水线、雨水口。

（3）标注：屋面和檐沟坡度、雨水口位置、屋面总尺寸。

（4）定位轴线自行设置（墙体均为承重墙，外墙370 mm、内墙240 mm，轴线位置同墙中线）。

2. 防水层设计

设计内容：

（1）确定屋面防水等级。

（2）选择屋面防水材料，并确定防水材料层数和厚度。

任务提示：

（1）通过网络确定地区年降水量（近3~5年）。

（2）确定防水材料类别后，通过网络确定具体选用的防水材料型号、名称。

（3）设计结果填写在屋面构造详图中。

3. 其他构造层次设计

根据本模块内容，结合规范图集和工程要求，设计其他构造层次做法，并在屋面构造详图中注写清楚。

任务提示：构造层需要注写的内容包括材料、型号、等级、比例、厚度等，根据构造层特点和功能要求，具体确定每层需要注写的内容。

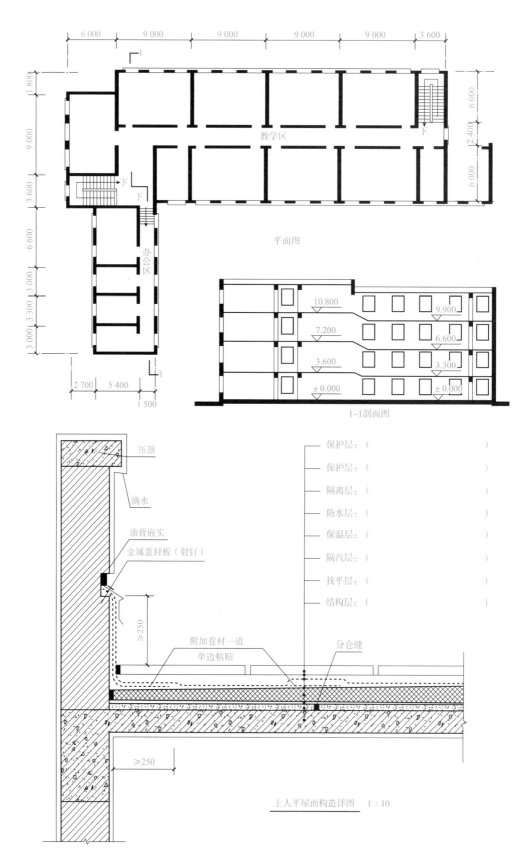

图 6.1　教学楼平面图、剖面图和屋面构造详图

6.1 屋面概述

6.1.1 屋面的设计要求

屋面是建筑物最上层起覆盖作用的外围护构件，用以抵抗雨雪、避免日晒等自然因素的影响。

屋面由面层和承重结构两部分组成。它应满足以下几点要求：

（1）承重要求：屋面应能够承受积雪、积灰和上人所产生的荷载并顺利地传递给墙、柱。

（2）保温、隔热要求：屋面是建筑物最上部的围护结构，应具有一定的热阻能力，以防止热量从屋面过分散失。

（3）防水要求：屋面积水（积雪）以后，应很快地排除，以防渗漏。屋面在处理防水问题时，应兼顾"导"和"堵"两个方面。所谓"导"，就是要将屋面积水顺利排除，因而应该有足够的排水坡度及相应的一套排水设施。所谓"堵"，就是要采用相应的防水材料，采取妥善的构造做法，防止渗漏。

（4）美观要求：屋面是建筑物的重要装修内容之一。屋面采取什么形式，选用什么材料和颜色均与美观有关。在解决屋面构造做法时，应兼顾技术与艺术两大方面。

6.1.2 屋面的类型

屋面根据其坡度和结构形式的不同，分为平屋面、坡屋面和其他形式的屋面。

1. 平屋面

根据《建筑与市政工程防水通用规范》（GB 55030—2022），平屋面一般是指排水坡度小于或等于18%（10°）的屋面。平屋面按防水材料和防水构造的不同，分为卷材防水屋面、涂膜防水屋面、复合防水屋面、保温隔热屋面。保温屋面是具有保温层的屋面；隔热屋面是以通风、散热为主的屋面。平屋面构造简单、节省材料，可以做成露台、屋面花园等，在我国传统建筑中就已经被广泛采用。我国传统建筑的平屋面形式有挑檐平屋面、女儿墙平屋面、挑檐女儿墙平屋面和盝顶等多种（图6.2），其中前三种形式沿用至今，女儿墙平屋面更是现代建筑的常用平屋面形式，盝顶多被仿古建筑采用。

中国古建筑——
盝顶.PPT

 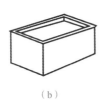  

（a） （b） （c） （d）

图6.2 平屋面的形式
（a）挑檐平屋顶；（b）女儿墙平屋顶；（c）挑檐女儿墙平屋顶；（d）盝顶平屋顶

2. 坡屋面

坡屋面按面层材料与防水做法的不同，分为块瓦屋面、混凝土瓦屋面、波形瓦屋面、沥青瓦屋面、金属板屋面、玻璃采光顶等。

在我国，坡屋面历史悠久，形式丰富多样。我国古代建筑的坡屋面除了现在常见的单坡、双坡和四坡等形式，还有硬山和悬山屋面、四坡歇山和庑殿屋面、圆形或多角形攒尖屋面等。双坡屋面有硬山和悬山之分。硬山指房屋两端山墙高于屋面，山墙封住屋面。悬山指屋面的两端挑出山墙外面。古建筑中，常将屋面做成曲面，如卷棚顶、庑殿顶、歇山顶等形式，使屋面外形更富有变化（图6.3）。

中国古建筑——
屋顶.PPT

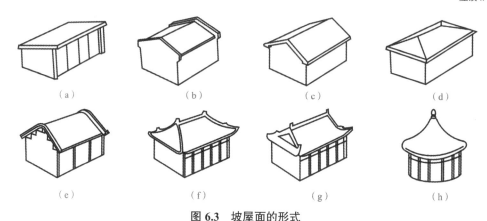

图6.3　坡屋面的形式
(a) 单坡顶；(b) 硬山两坡顶；(c) 悬山两坡顶；(d) 四坡顶；(e) 卷棚顶；
(f) 庑殿顶；(g) 歇山顶；(h) 圆攒尖顶

3. 其他屋面

随着现代科学技术的发展，出现了许多新的屋面结构形式，如拱结构、悬索结构、薄壳结构、网架结构、膜结构等（图6.4）。这类屋面多用于大跨度的公共建筑。

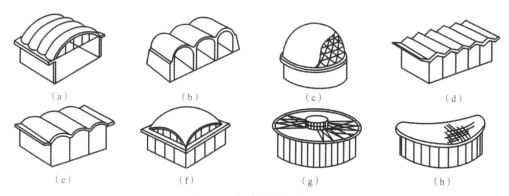

图6.4　其他形式的屋面
(a) 双曲拱屋顶；(b) 砖石拱屋顶；(c) 球形网壳屋顶；(d) V形折板屋顶；(e) 筒壳屋顶；
(f) 扁壳屋顶；(g) 车轮形悬索屋顶；(h) 鞍形悬索屋顶

6.1.3　屋面的基本构造层次

按照材料和构造，屋面可分为卷材防水屋面、涂膜防水屋面、保温屋面、隔热屋面、瓦屋面、金属板屋面、采光顶等种类。在每类屋面中，所用材料和构造各异，形成了各种屋面工程。屋面工程是一个完整的系统，主要应包括屋面基层、保温与隔热层、防水层和保护层，在此基础上根据建筑物的性质、使用功能、气候条件等因素可以增加隔离层、找坡层、找平层等构造层次。

《屋面工程技术规范》（GB 50345—2012）规定，屋面的基本构造层次宜符合表 6.1 的要求。

表 6.1　屋面的基本构造层次

屋面类型	基本构造层次（自上而下）
卷材、涂膜屋面	保护层、隔离层、防水层、找平层、保温层、找平层、找坡层、结构层
	保护层、保温层、防水层、找平层、找坡层、结构层
	种植隔热层、保护层、耐根穿刺防水层、防水层、找平层、保温层、找平层、找坡层、结构层
	架空隔热层、防水层、找平层、保温层、找平层、找坡层、结构层
	蓄水隔热层、隔离层、防水层、找平层、保温层、我平层、找坡层、结构层
瓦屋面	块瓦、挂瓦条、顺水条、持钉层、防水层或防水垫层、保温层、结构层
	沥青瓦、持钉层、防水层或防水垫层、保温层、结构层
金属板屋面	压型金属板、防水垫层、保温层、承托网、支承结构
	上层压型金属板、防水垫层、保温层、底层压型金属板、支承结构
	金属面绝热夹芯板、支承结构
玻璃采光顶	玻璃面板、金属框架、支承结构
	玻璃面板、点支承装置、支承结

注：1. 表中结构层包括混凝土基层和木基层；防水层包括卷材和涂膜防水层；保护层包括块体材料、水泥砂浆、细石混凝土保护层；
　　2. 有隔汽要求的屋面，应在保温层与结构层之间设隔汽层。

6.1.4　屋面防水

1. 屋面防水等级

根据《建筑与市政工程防水通用规范》（GB 55030—2022）规定，屋面工程防水设计工作年限不应低于 20 年。工程防水等级应依据工程类别和工程防水使用环境类别，分为一级、二级、三级。

根据工程类型与工程防水功能重要程度划分工程防水类别，分为甲、乙、丙三类。其中，甲类工程的防水功能重要程度最高，乙类次之，丙类最低。屋面工程防水类别见表 6.2。

表 6.2　屋面工程防水类别

甲类	乙类	丙类
民用建筑和对渗漏敏感的工业建筑屋面	除甲类和丙类以外的建筑屋面	对渗漏不敏感的工业建筑屋面

防水工程的耐久性受到使用环境的影响，屋面工程防水使用环境类别见表 6.3。

表 6.3　屋面工程防水使用环境类别

Ⅰ 类	Ⅱ 类	Ⅲ 类
年降水量 $P \geqslant 1\,300$ mm	400 mm $\leqslant$ 年降水量 $P < 1\,300$ mm	年降水量 $P < 400$ mm

工程防水等级的划分见表 6.4。

表 6.4　工程防水等级的划分

工程防水使用环境类别	工程防水类别		
	甲类	乙类	丙类
Ⅰ 类	一级	一级	二级
Ⅱ 类	一级	二级	三级
Ⅲ 类	二级	三级	三级

防水等级对应的设防措施主要包括设防道数、防水层厚度等要求。各类屋面对应不同防水等级设防措施分别见本书 6.3 节和 6.4 节。

2. 屋面防水材料

屋面防水材料有防水卷材和防水涂料两类。

防水卷材按材料性质，分为聚合物改性沥青类防水卷材和合成高分子类防水卷材。聚合物改性沥青类防水卷材是指以无纺布、高分子膜基为增强材料，以聚合物改性沥青为涂盖材料的卷材，可采用热熔法、热沥青黏结、胶粘法、自粘施工。合成高分子类防水卷材是指采用塑料、橡胶或两者共混为主要材料，加入助剂和填料等，采用压延或挤出工艺生产的防水卷材。卷材防水层最小厚度见表 6.5。

表 6.5　卷材防水层最小厚度

防水卷材类型			卷材防水层最小厚度 /mm
聚合物改性沥青类防水卷材	热熔法施工聚合物改性防水卷材		3.0
	热沥青黏结和胶粘法施工聚合物改性防水卷材		3.0
	预铺反粘防水卷材（聚酯胎类）		4.0
	自粘聚合物改性防水卷材（含湿铺）	聚酯胎类	3.0
		无胎类及高分子膜基	1.5
合成高分子类防水卷材	均质型、带纤维背衬型、织物内增强型		1.2
	双面复合型		主体片材芯材 0.5
	预铺反粘防水卷材	塑料类	1.2
		橡胶类	1.5
	塑料防水板		1.2

防水涂料是指使用前呈液体或膏体状态，施工后能通过冷却、挥发、反应固化，形成一定均匀厚度涂层的柔性防水材料。常用防水涂料主要有反应型高分子类防水涂料、聚合物乳液类防水涂料、水性聚合物沥青类防水涂料和热熔施工橡胶沥青类防水涂料等。反应型高分子类防水涂料、聚合物乳液类防水涂料和水性聚合物沥青类防水涂料等涂料防水层最小厚度不应小于 1.5 mm，热熔施工橡胶沥青类防水涂料防水层最小厚度不应小于 2.0 mm。当热熔施工橡胶沥青类防水涂料与防水卷材配套使用作为一道防水层时，其厚度不应小于 1.5 mm。

外露使用防水材料的燃烧性能等级不应低于 B_2 级。

6.2 屋面排水

6.2.1 屋面坡度

屋面坡度的大小不仅与屋面材料的选用、屋面形式、地理气候条件有关，还与屋面的结构选型、构造方法、经济条件等多种因素有关。因此，确定屋面坡度时要综合考虑各种因素。

1. 屋面坡度表示方法

常用的表示方法有斜率法、百分比法和角度法。

斜率法以屋面高度与坡面水平投影长度（跨度）之比来表示［图 6.5（a）］，也称高跨比，如坡度为 1/4 或 1∶4，多用于坡屋面。

百分比法以屋面高度与坡面水平投影长度的百分比来表示［图 6.5（b）］，如 i=2%，多用于平屋面。

角度法以倾斜面与水平面的夹角来表示［图 6.5（c）］，如 23°，可以用于坡屋面和平屋面，较少使用。

屋面坡度只选择一种方式进行表达即可。

坡度 100% 是指屋面与水平面的角度为 45°；坡度 30% 是指屋面与水平面的角度约为 16.7°；坡度 20% 是指屋面与水平面的角度约为 11.3°。

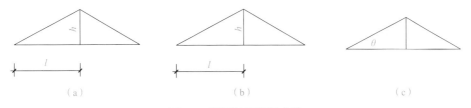

（a）　　　　　　　　（b）　　　　　　　　（c）

图 6.5　屋面坡度表示方法

（a）斜率法（屋面坡度为 $h:l$）；（b）百分比法 $\left(屋面坡度\ i = \dfrac{h}{l} \times 100\%\right)$；（c）角度法（屋面坡度 θ）

2. 屋面坡度的形成方式

屋面坡度的形成有材料找坡和结构找坡两种（图 6.6）。

（1）材料找坡（也称垫坡）：是指屋面坡度由垫坡材料垫置而成。为了减轻屋面荷载，应选用轻质材料找坡，如水泥炉渣。找坡层的最薄处不应小于 20 mm。平屋面材料找坡的屋面坡度宜为 2% ～ 3%。

（2）结构找坡（也称搁置坡度）：结构找坡是屋面结构自身应带有排水坡度，平屋面结构找坡宜为 3%。

材料找坡顶棚面平整，容易保证室内空间的完整性，但增加屋面荷载；结构找坡，构造简单，不增加荷载，但顶棚顶倾斜，室内空间不够完整。

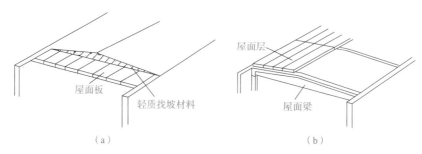

图 6.6　屋面坡度的形成
（a）材料找坡；（b）结构找坡

3. 屋面常用坡度

为确保屋面快速排水，屋面要有一定的坡度。《民用建筑通用规范》（GB 55031—2022）规定：屋面应设置坡度，且坡度不应小于 2%。一般平屋面当采用结构找坡时，坡度不应小于 3%；当采用材料找坡时，坡度不应小于 2%。块瓦坡屋面适用坡度不小于 30%；波形瓦、沥青瓦、油毡瓦等坡屋面适用坡度不小于 20%；防水卷材、防水涂料平屋面适用坡度为 2% ～ 3%；种植平屋面适用坡度为 1% ～ 2%；单层防水卷材屋面适用坡度不小于 3%；金属屋面适用坡度不小于 5%。卷材防水屋面檐沟、天沟纵向坡度不应小于 1%，金属屋面集水沟可无坡度。

《建筑与市政工程防水通用规范》（GB 55030—2022）对屋面排水坡度的规定见表 6.6。

表 6.6　屋面排水坡度的规定

屋面类型		屋面排水坡度 /%
平屋面		≥ 2
瓦屋面	块瓦	≥ 30
	波形瓦	≥ 20
	沥青瓦	≥ 20
	金属瓦	≥ 20
金属屋面	压型金属板、金属夹芯板	≥ 5
	单层防水卷材金属屋面	≥ 2
种植屋面		≥ 2
玻璃采光顶		≥ 5

混凝土屋面檐沟、天沟的纵向坡度不应小于1%。

6.2.2 屋面排水

1. 屋面排水方式

屋面排水方式可分为有组织排水和无组织排水。

（1）无组织排水：是指屋面雨水直接从檐口滴落至地面的一种排水方式，又称自由落水。小型的低层建筑物或檐高不大于 10 m 的屋面可采用无组织排水。

（2）有组织排水：是指将屋面划分成若干个汇水区域，采用雨水收集系统，通过天沟、檐沟、水落口、水落管将雨水排出的方式。有组织排水又可分为内排水、外排水或内外排水相结合的方式。

① 内排水是指屋面雨水通过天沟由设置于建筑物内部的水落管排入地下雨水管网，如高层建筑、多跨及汇水面积较大的屋面等（图 6.7）。

② 外排水是指屋面雨水通过檐沟、水落口由设置于建筑物外部的水落管直接排到室外地面上，如一般的多层住宅、中高层住宅等采用。

外排水又分为以下几种：

a. 檐沟外排水：即挑檐沟外排水，采用成品檐沟或土建檐沟汇水排入雨水立管的排水方式［图 6.8（a）］。

b. 承雨斗外排水：即屋面女儿墙上贴屋面设侧排排水口，侧墙设集水斗承接雨水的排水方式［图 6.8（b）］。其特点是屋面雨水需要穿过女儿墙流入室外的雨水管。

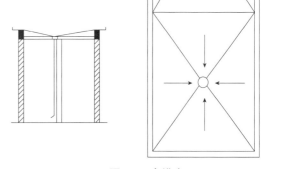

图 6.7　内排水

c. 天沟排水：天沟收集雨水，沟内设雨水斗的排水方式［图 6.8（c）］。依据雨水管道设置在室内和室外，分为天沟内排水和天沟外排水。多跨及汇水面积较大的屋面宜采用天沟排水，天沟找坡较长时，宜采用中间内排水和两端外排水。天沟即屋面上的排水沟，位于檐口部位称檐沟。

d. 暗管外排水：暗装雨水管的方式，将雨水管隐藏在假柱或空心墙中［图 6.8（d）］。

2. 屋面排水组织设计

屋面应适当划分排水区域，排水路线应简捷，排水应通畅。进行屋面排水组织设计时，须注意下述事项：

（1）划分汇水区。划分汇水区的目的是合理地布置雨水管，一个汇水区的面积一般不超过一个雨水管所能负担的排水面积。每个雨水管的屋面汇水面积宜为 150 ～ 200 m²。

（2）确定排水坡面数量级排水坡度。一般情况下，进深小的房屋和临街建筑常采用单坡排水（屋面宽度不宜大于 12 m），进深较大时宜采用双坡排水。坡屋面应结合建筑物造型选择单坡、双坡或四坡排水。

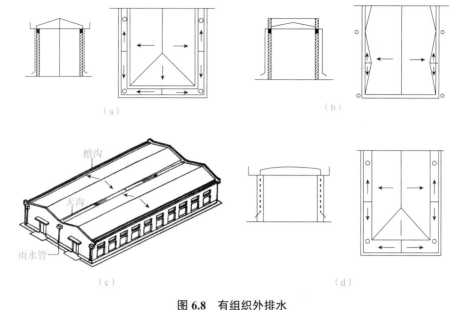

图 6.8 有组织外排水
（a）檐沟外排水；（b）承雨斗外排水；（c）长天沟外排水；（d）暗管外排水

（3）确定天沟断面大小及纵向坡度。天沟根据屋面类型的不同有多种做法，如坡屋面中的槽形和三角形、平屋面中的矩形等。檐沟、天沟的过水断面，应根据屋面汇水面积的雨水流量经计算确定。钢筋混凝土檐沟、天沟净宽不应小于 300 mm，分水线处最小深度不应小于 100 mm；沟内纵向坡度不应小于 1%，沟底水落差不得超过 200 mm；檐沟、天沟排水不得流经变形缝和防火墙。金属檐沟、天沟的纵向坡度宜为 0.5%。坡屋面檐口宜采用有组织排水，檐沟和水落斗可采用金属或塑料成品。

（4）确定雨水管的规格和间距。雨水管直径有 50 mm、75 mm、100 mm、125 mm、200 mm 等，屋面雨水管的内径应不小于 100 mm，面积小于 25 m² 的阳台，雨水管的内径应不小于 50 mm。有外檐天沟时，雨水管间距可按小于等于 24 m 设置；无外檐天沟时，雨水管间距可按小于等于 15 m 设置。雨水管雨水斗应首选 UPVC 材料（增强塑料）。雨水管距离墙面不应小于 20 mm，其排水口下端距散水坡的高度不应大于 200 mm。图 6.9 为屋面的有组织排水设计示例。

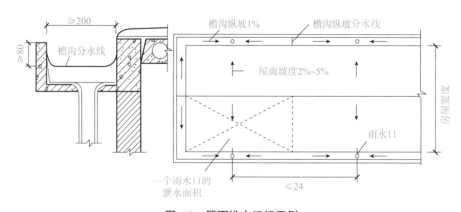

图 6.9 屋面排水组织示例

6.3 平屋面的构造

平屋面一般指排水坡度小于或等于 18%（10°）的屋面。

6.3.1 平屋面各构造层选材和做法

卷材防水平屋面和涂膜防水平屋面的构造层次相似。按照从下向上的施工顺序，平屋面主要构造层如下：

正置式：结构层→（找坡层→）找平层→（隔汽层→）保温层→找平层→防水层→（隔离层→）保护层（图 6.10）。

倒置式：结构层→（找坡层→）找平层→防水层→保温层→保护层（覆盖层）(图 6.11)。

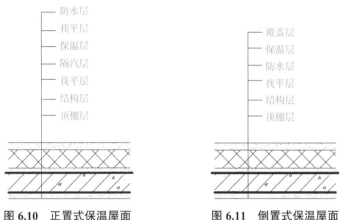

图 6.10　正置式保温屋面　　　图 6.11　倒置式保温屋面

1. 结构层

结构层也称承重层，多为刚度好、变形小的各类钢筋混凝土基层和木基层。

2. 找坡层

混凝土结构层宜采用结构找坡，坡度不应小于 3%；当采用材料找坡时，宜采用重量轻、吸水率低和有一定强度的材料，如轻骨料混凝土，坡度宜为 2%。找坡应按屋面排水方向和设计坡度要求进行，找坡层最薄处厚度不宜小于 20 mm。抹找坡层前宜对基层洒水湿润，找坡材料应分层铺设和适当压实，表面宜平整和粗糙，并应适时浇水养护。

3. 找平层

卷材、涂膜的基层宜设找平层。找平层厚度和技术要求应符合表 6.7 的规定。

卷材防水正置式
屋面 .MP4

表 6.7　找平层厚度和技术要求

找平层分类	适用的基层	厚度 /mm	技术要求
水泥砂浆	整体现浇混凝土板	15 ~ 20	1∶2.5 水泥砂浆
	整体材料保温层	20 ~ 25	

找平层分类	适用的基层	厚度/mm	技术要求
细石混凝土	装配式混凝土板	30～35	C20混凝土，宜加钢筋网片
	板状材料保温层		C20混凝土

保温层上的找平层应留设分格缝，缝宽宜为5～20 mm，纵横缝的间距不宜大于6 m。

4. 保温层

（1）屋面保温材料。保温层应根据屋面所需传热系数或热阻选择轻质、高效的保温材料，保温材料应吸水率低、导热系数较小并具有一定的强度。屋面保温材料一般为轻质多孔材料，分为以下三种类型：

① 板状材料保温层：聚苯乙烯泡沫塑料、硬质聚氨酯泡沫塑料、膨胀珍珠岩制品、泡沫玻璃制品、加气混凝土砌块、泡沫混凝土砌块。

板状材料施工做法：基层应平整、干燥、干净；相邻板块应错缝拼接，分层铺设的板块上下层接缝应相互错开，板间缝隙应采用同类材料碎屑嵌填密实。采用干铺法施工时，板状保温材料应紧靠在基层表面上，并应铺平垫稳。采用黏结法施工时，胶粘剂应与保温材料相容，板状保温材料应贴严、粘牢，在胶粘剂固化前不得上人踩踏。采用机械固定法施工时，固定件应固定在结构层上，固定件的间距应符合设计要求。

② 纤维材料保温层：玻璃棉制品、岩棉、矿渣棉制品。

纤维材料施工做法：基层应平整、干燥、干净；应避免重压，并应采取防潮措施；铺设时，平面拼接缝应贴紧，上下层拼接缝应相互错开；屋面坡度较大时，纤维保温材料宜采用机械固定法施工；在铺设纤维保温材料时，应做好劳动保护工作。

③ 整体材料保温层：喷涂硬泡聚氨酯、现浇泡沫混凝土。

喷涂硬泡聚氨酯施工做法：基层应平整、干燥、干净；施工前应对喷涂设备进行调试，并应喷涂试块进行材料性能检测；喷涂时喷嘴与施工基面的间距应由试验确定；喷涂硬泡聚氨酯的配比应准确计量，发泡厚度应均匀一致；一个作业面应分遍喷涂完成，每遍喷涂厚度不宜大于15 mm，硬泡聚氨酯喷涂后20 min内严禁上人；喷涂作业时，应采取防止污染的遮挡措施。

现浇泡沫混凝土施工做法：基层应清理干净，不得有油污、浮尘和积水；泡沫混凝土应按设计要求的干密度和抗压强度进行配合比设计，拌制时应计量准确，并应搅拌均匀；泡沫混凝土应按设计的厚度设定浇筑面标高线，找坡时宜采取挡板辅助措施；泡沫混凝土的浇筑出料口离基层的高度不宜超过1 m，泵送时应采取低压泵送；泡沫混凝土应分层浇筑，一次浇筑厚度不宜超过200 mm，终凝后应进行保湿养护，养护时间不得少于7 d。

（2）保温层的设置。根据保温层在屋面各层次中的位置不同，有以下几种情况：

① 正置式保温屋面，即在防水层和结构层间设置保温层。此做法施工方便，还可利用保温层进行屋面找坡，目前应用最为广泛（图6.10）。

② 倒置式保温屋面，即保温层设在防水层之上，其构造层次为保温层、防水层、结构层（图6.11）。这种方式的优点是防水层被覆盖在保温层下不受气候条件变化的影响，使用

寿命得到延长。这种屋面保温材料应选择憎水性材料，如聚氨酯泡沫塑料板等。在保温层上应设保护层，以防止表面破损及延缓保温材料的老化过程。

5. 隔汽层

隔汽层是隔绝室内湿气通过结构层进入保温层的构造层。常年湿度很大的房间，如温水游泳池、公共浴室、厨房操作间、开水房等的屋面应设置隔汽层。隔汽层设置在保温层下，在保温层之前施工（图6.10）。隔汽层应选用气密性、水密性好的材料，设置在结构层上、保温层下，应沿周边墙面向上连续铺设，高出保温层上表面不得小于150 mm。隔汽层采用卷材时宜空铺，卷材搭接缝应满粘，其搭接宽度不应小于80 mm；隔汽层采用涂料时，应涂刷均匀。

6. 防水层

平屋面一般采用防水卷材或防水涂料做防水层。防水卷材可按合成高分子防水卷材和高聚物改性沥青防水卷材选用，防水涂料可按合成高分子防水涂料、聚合物水泥防水涂料和高聚物改性沥青防水涂料选用；也可以把彼此相容的卷材和涂料组合成复合防水层。

平屋面防水分为一级、二级、三级（表6.8），二级及以上防水等级的屋面多道设防，以提高防水功能的可靠性，满足防水设计工作年限要求。同时，多道设防中必须有一道卷材防水层，卷材防水层厚度均匀，更能保证防水功能。

表6.8 平屋面防水做法

防水等级	防水做法	防水层	
		防水卷材	防水涂料
一级	不应少于3道	卷材防水层不应少于1道	
二级	不应少于2道	卷材防水层不应少于1道	
三级	不应少于1道	任选	

（1）卷材防水层。根据《屋面工程技术规范》（GB 50345—2012），卷材防水层铺贴顺序和方向应符合下列规定：

①卷材防水层施工时，应先进行细部构造处理，然后由屋面最低标高向上铺贴。

②檐沟、天沟卷材施工时，宜顺檐沟、天沟方向铺贴，搭接缝应顺流水方向。

③卷材宜平行屋脊铺贴，上下层卷材不得相互垂直铺贴。

④立面或大坡面铺贴卷材时，应采用满粘法，并宜减少卷材短边搭接。

卷材搭接缝应符合下列规定：

①平行屋脊的搭接缝应顺流水方向，搭接缝宽度应符合表6.9。

表6.9 卷材搭接宽度

卷材类别		搭接宽度
合成高分子防水卷材	胶粘剂	80

卷材类别		搭接宽度
合成高分子防水卷材	胶粘带	50
	单缝焊	60，有效焊接宽度不小于 25
	双缝焊	80，有效焊接宽度 10×2+ 空腔宽
高聚物改性沥青防水卷材	胶粘剂	100
	自粘	80

② 同一层相邻两幅卷材短边搭接缝错开不应小于 500 mm；

③ 上下层卷材长边搭接缝应错开，且不应小于幅宽的 1/3；

④ 叠层铺贴的各层卷材，在天沟与屋面的交接处，应采用叉接法搭接，搭接缝应错开；搭接缝宜留在屋面与天沟侧面，不宜留在沟底。

另外，为保证卷材屋面的防水效果，要求基层干燥，且要防止室内水蒸气透过结构层渗入卷材，因为水蒸气在太阳辐射下会汽化膨胀，从而导致防水层出现鼓泡、皱折和破裂，造成漏水。所以，工程上常把第一层卷材与基层采用点状或条状粘贴（图 6.12），留出蒸汽扩散间隙，再将蒸汽集中排除。

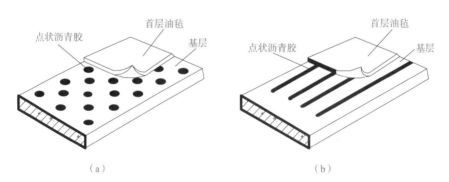

图 6.12 基层与卷材间的蒸汽扩散层
（a）点状粘贴；（b）条状粘贴

（2）涂膜防水层。涂膜防水层的基层应坚实、平整、干净，应无孔隙、起砂和裂缝。基层的干燥程度应根据所选用的防水涂料特性确定；当采用溶剂型、热熔型和反应固化型防水涂料时，基层应干燥。

涂膜施工应先做好细部处理，再进行大面积涂布。防水涂料涂布时如一次涂成，涂膜层易开裂，一般为涂布三遍或三遍以上为宜，而且须待先涂的涂料干后再涂后一遍涂料，前后两遍涂料的涂布方向应相互垂直，最终达到要求厚度。涂膜间夹铺胎体增强材料时，宜边涂布边铺胎体；胎体应铺贴平整，应排除气泡，并应与涂料黏结牢固。在胎体上涂布涂料时，应使涂料浸透胎体，并应覆盖完全，不得有胎体外露现象。最上面的涂膜厚度不应小于 1.0 mm。屋面转角及立面的涂膜应薄涂多遍，不得流淌和堆积。

7. 保护层

保护层是对防水层或保温层起防护作用的构造层。上人屋面保护层可采用块体材料、细石混凝土等材料，不上人屋面保护层可采用浅色涂料、铝箔、矿物粒料、水泥砂浆等材料。

保护层材料适用范围和技术要求见表 6.10。

表 6.10　保护层材料适用范围和技术要求

保护层材料	适用范围	技术要求
浅色涂料	不上人屋面	丙烯酸系反射涂料
铝箔	不上人屋面	0.05 mm 厚铝箔反射膜
矿物粒料	不上人屋面	不透明的矿物粒料
水泥砂浆	不上人屋面	20 mm 厚 1 : 2.5 或 M15 水泥砂浆
块体材料	上人屋面	地砖或 30 mm 厚 C20 细石混凝土预制块
细石混凝土	上人屋面	40 mm 厚 C20 细石混凝土或 50 mm 厚 C20 细石混凝土内配 Φ4@100 双向钢筋网片

采用块体材料做保护层时，宜设分格缝，其纵横间距不宜大于 10 m，分格缝宽度宜为 20 mm，并应用密封材料嵌填（图 6.13）。在砂结合层上铺设块体时，砂结合层应平整，块体间应预留 10 mm 的缝隙，缝内应填砂，并应用 1 : 2 水泥砂浆勾缝；在水泥砂浆结合层上铺设块体时，应先在防水层上做隔离层，块体间应预留 10 mm 的缝隙，缝内应用 1 : 2 水泥砂浆勾缝。

采用水泥砂浆做保护层时，表面应抹平压光，并应设表面分格缝，分格面积宜为 1 m^2。

图 6.13　块体（地砖）保护层

采用细石混凝土做保护层时，表面应抹平压光，并应设分格缝，其纵横间距不应大于 6 m，分格缝宽度宜为 10 ～ 20 mm，并应用密封材料嵌填。

采用淡色涂料做保护层时，应与防水层黏结牢固，厚薄应均匀，不得漏涂。

块体材料、水泥砂浆、细石混凝土保护层与女儿墙或山墙之间，应预留宽度为 30 mm 的缝隙，缝内宜填塞聚苯乙烯泡沫塑料，并应用密封材料嵌填。需经常维护的设施周围和屋面出入口至设施之间的人行道，应铺设块体材料或细石混凝土保护层。

8. 隔离层

隔离层的作用是找平、隔离。在柔性防水层上设置块体材料、水泥砂浆、细石混凝土等刚性保护层，由于保护层与防水层之间的粘结力和机械咬合力，当刚性保护层膨胀变形时，会对防水层造成损坏，故在保护层与防水层之间应铺设隔离层，同时可防止保护层施工时对防水层的损坏。对于不同的屋面保护层材料，所用的隔离层材料有所不同。各类保护层对应的隔离层材料及相关技术要求见表6.11。

表 6.11　隔离层材料适用范围和技术要求

隔离层材料	适用范围	技术要求
塑料膜	块体材料、水泥砂浆保护层	0.4 mm 厚聚乙烯膜或 3 mm 厚发泡聚乙烯膜
土工布		200 g/m² 聚酯无纺布
卷材		石油沥青卷材一层
低强度等级砂浆	细石混凝土保护层	10 mm 厚黏土砂浆， 石灰膏：砂：黏土 =1：2.4：3.6
		10 mm 厚石灰砂浆，石灰膏：砂 =1：4
		5 mm 厚掺有纤维的石灰砂浆

干铺塑料膜、土工布、卷材时，其搭接宽度不应小于 50 mm，铺设应平整，不得有皱折。低强度等级砂浆铺设时，其表面应平整、压实，不得有起壳和起砂等现象。

9. 隔热层

在气候炎热地区，夏季太阳辐射使屋面温度剧烈升高，为减少传进室内的热量和降低室内的温度，屋面需要采取隔热措施，常用方法有架空隔热层、蓄水隔热层、种植隔热层。

（1）架空隔热层。架空隔热层是利用架空层内空气的流动，减少太阳辐射热向室内传递，宜在屋顶通风良好的建筑物上采用，不宜在寒冷地区采用。当采用混凝土板架空隔热层时，屋面坡度不宜大于 5%；架空隔热层的高度宜为 180～300 mm，架空板与女儿墙的距离不应小于 250 mm；当屋面宽度大于 10 m 时，架空隔热层中部应设置通风屋脊。架空隔热层的进风口宜设置在当地炎热季节最大频率风向的正压区，出风口宜设置在负压区（图 6.14）。

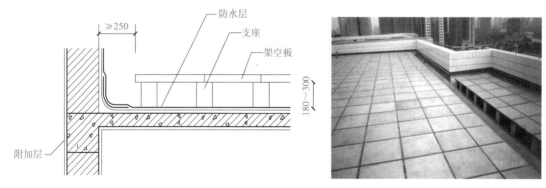

图 6.14　架空隔热屋面

（2）蓄水隔热层。蓄水隔热是利用水的蓄热性、热稳定性和传导过程的时间延迟性来达到隔热目的。蓄水隔热层不宜在寒冷地区、地震设防地区和振动较大的建筑物上采用。蓄水池应采用强度等级不低于C25、抗渗等级不低于P6的现浇混凝土，池内宜采用20 mm厚防水砂浆抹面，排水坡度不宜大于0.5%。蓄水隔热层应划分为若干蓄水区，每区的边长不宜大于10 m，在变形缝的两侧应分成两个互不连通的蓄水区。长度超过40 m的蓄水隔热层应分仓设置，分仓隔墙可采用现浇混凝土或砌体。蓄水池应设溢水口、排水管和给水管，排水管应与排水出口连通，应设置人行通道。蓄水深度宜为150～200 mm，溢水口距分仓墙顶面的高度不得小于100 mm（图6.15）。

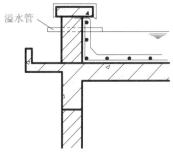

图6.15　蓄水屋面

（3）种植隔热层。在屋面防水层上覆盖种植土，种植绿色植物，用以吸收阳光和遮挡阳光，达到降温隔热作用，同时还可美化环境，净化空气。但增加了屋面荷载，结构处理较复杂（图6.16）。

种植屋面.MP4

种植隔热层的构造层次应包括植被层、种植土层、过滤层和排水层等。种植隔热层宜根据植物种类及环境布局的需要进行分区布置，分区布置应设挡墙或挡板。排水层材料应根据屋面功能及环境、经济条件等进行选择。过滤层宜采用200～400 g/m²的土工布，铺设应平整、无皱折，搭接宽度不应小于100 mm，搭接宜采用粘合或缝合处理，应沿种植土周边向上铺设至种植土高度。种植土四周应设挡墙，挡墙下部应设泄水孔，并应与排水出口连通。屋面坡度大于20%时，其排水层、种植土应采取防滑措施。种植屋面不宜设计为倒置式屋面。倒置式屋面是将绝热层设置在防水层之上的一种屋面类型。由于有些绝热材料耐水性较差、不耐根穿刺，易导致绝热层性能降低或失效，故不宜种植。

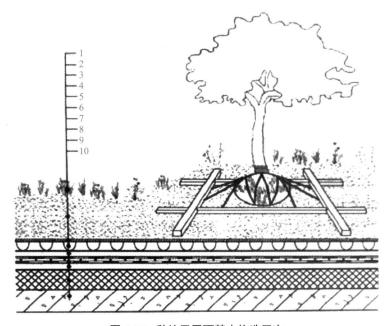

图6.16　种植平屋面基本构造层次

1—植被层；2—种植土层；3—过滤层；4—排（蓄）水层；5—保护层；6—耐根穿刺防水层；
7—普通防水层；8—找坡（平）层；9—绝热层；10—基层

6.3.2 卷材防水屋面细部构造

平屋面按照防水材料分为卷材防水和涂膜防水两类。卷材防水平屋面和涂膜防水平屋面的细部构造做法相似，现以卷材防水屋面为例进行介绍。

卷材防水屋面是以防水卷材和胶粘剂分层粘贴在屋面上，形成一个封闭的覆盖层，以此防水的屋面。卷材防水屋面所用卷材有沥青类卷材、高聚物改性沥青类卷材、合成高分子类卷材等。这种防水屋面具有一定的延伸性，能适应温度变形。

卷材防水屋面的细部构造包括泛水、天沟、檐口、雨水口等部位（图6.17）。

图 6.17 卷材防水屋面构造

1. 泛水

泛水是指屋面上沿着所有垂直面所设的防水构造，其做法及构造要点如下：

（1）将屋面的卷材防水层继续铺至垂直面上，其上再加铺一层附加卷材，泛水高度不得小于 250 mm。

（2）屋面与垂直面交接处应将卷材下的砂浆找平层抹成直径不小于 150 mm 的圆弧形或 45° 斜面。

（3）做好泛水上口的卷材收头固定。

泛水收头应根据泛水高度和泛水墙体材料的不同，选用相应的收头密封形式。

（1）墙体为砖墙时，卷材收头可直接铺压在女儿墙压顶下，压顶应做防水处理［图6.18（a）］；也可在砖墙上留凹槽，卷材收头应压入凹槽内固定密封［图6.18（b）］，凹槽距屋面找平层最低高度不应小于 250 mm，凹槽上部的墙体亦应做防水处理。

（2）墙体为混凝土时，卷材的收头可采用金属压条钉压，并用密封材料封固（图6.19）。

女儿墙泛水
构造 .MP4

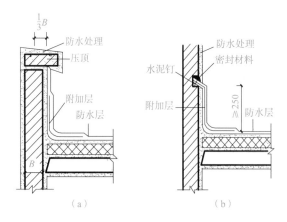

图 6.18 砖墙卷材泛水收头
（a）压顶收头；（b）凹槽收头

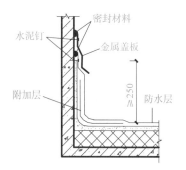

图 6.19 混凝土墙卷材泛水收头

2. 檐口

檐口做法属于无组织排水，防水处理的关键是卷材防水层收头和滴水。空铺、点粘、条粘的卷材在檐口端部800 mm范围内应满粘，卷材防水层收头压入找平层的凹槽内，用金属压条钉压牢固并进行密封处理，钉距宜为500～800 mm，防止卷材防水层收头翘边或被风揭起。从防水层收头向外的檐口上端、外檐至檐口下部，均应采用聚合物水泥砂浆铺抹，以提高檐口的防水能力。檐口雨水冲刷量大，为防止雨水沿檐口下端流向外墙，檐口下端应同时做鹰嘴和滴水槽（图6.20）。

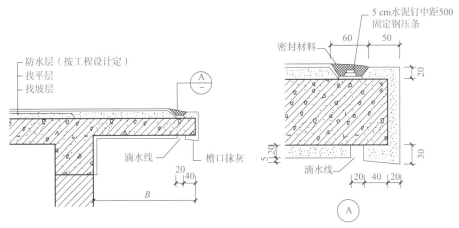

图6.20 无组织排水檐口

3. 檐沟和天沟

檐沟和天沟的构造要求如下（图6.21）：

（1）檐沟和天沟的防水层下应增设附加层，附加层伸入屋面的宽度不应小于250 mm。

（2）檐沟防水层和附加层应由沟底翻上至外侧顶部，卷材收头应用金属压条钉压，并应用密封材料封严，涂膜收头应用防水涂料多遍涂刷。

（3）檐沟外侧下端应做鹰嘴或滴水槽。

（4）檐沟外侧高于屋面结构板时，应设置溢水口。

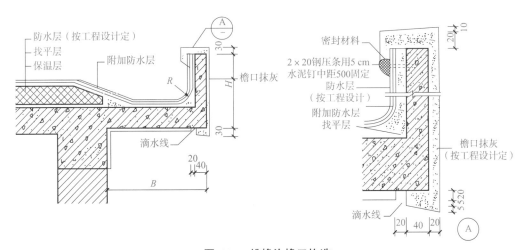

图6.21 挑檐沟檐口构造

4. 雨水口

柔性防水屋面的雨水口常见的有直管式和弯管式两种。直管式雨水口为防止其周边漏水，应加铺一层卷材并贴入管内 100 mm，雨水口上用定型铸铁罩或钢丝球罩住（图 6.22）。对弯管式雨水口防水层应铺入雨水口内壁四周不小于 100 mm，并安装铸铁算子以防杂物流入造成堵塞（图 6.23）。

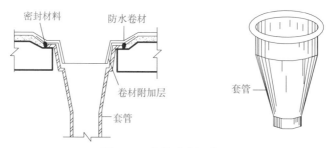

图 6.22　直管式式雨水口

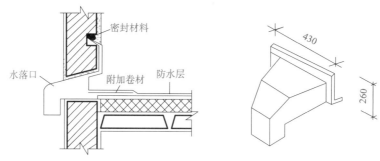

图 6.23　弯管式雨水口

5. 伸出屋面管道

为确保屋面工程质量，对伸出屋面的管道应做好防水处理，防水构造应符合下列规定：管道周围的找平层应抹出高度不小于 30 mm 的排水坡；泛水处的防水层下应增设附加层，附加层在平面和立面的宽度均不应小于 250 mm；防水层泛水高度不应小于 250 mm，卷材收头应用金属箍紧固和密封材料封严，涂膜收头应用防水涂料多遍涂刷（图 6.24）。

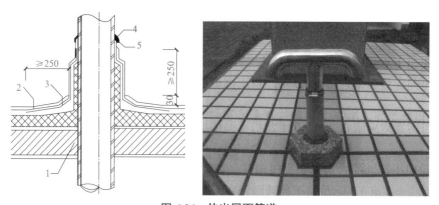

图 6.24　伸出屋面管道
1—细石混凝土；2—卷材防水层；3—附加层；4—密封材料；5—金属箍

6.4 坡屋面的构造

根据《坡屋面工程技术规范》（GB 50693—2011），坡屋面是坡度大于等于 3% 的屋面。根据《建筑与市政工程防水通用规范》（GB 55030—2022），坡屋面是排水坡度大于 18% 的屋面，其中典型坡屋面——瓦屋面的排水坡度一般大于 20%（11°）。

6.4.1 坡屋面的组成

坡屋面的构造包括两大部分：一部分是由屋架、檩条、屋面板组成的承重结构；另一部分是由挂瓦条、防水层、瓦等组成的屋面面层。根据使用要求不同，有时需设顶棚、保温层或隔热层等。

（1）承重结构：主要承受作用在屋面上的各种荷载并传递到墙或柱上，承重结构一般由椽子、檩条、屋架及大梁等组成。

（2）屋面：位于屋面的最上面，直接承受风、雨、雪、太阳辐射等自然因素的影响。屋面由屋面覆盖材料和基层材料组成，如屋面板、挂瓦条、顺水条、防水层等（图 6.25）。

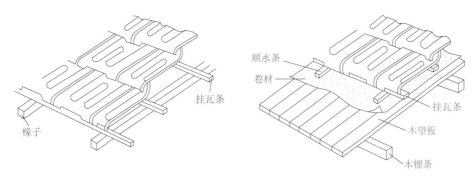

图 6.25 坡屋面的组成

（3）顶棚：屋面下部的遮盖部分，可使室内上部平整，有一定的反射光线和装饰作用。

（4）保温或隔热层：与平屋面相似，可设在屋面层或顶棚处。

6.4.2 坡屋面的承重体系

坡屋面的承重体系有横墙承重、屋架承重和梁架承重等。

1. 横墙承重

当横墙间距较小且具有分隔和承重功能时，可将横墙上部砌成三角形，将檩条直接支承在横墙上，这种承重方式叫作横墙承重（图 6.26）。这种做法在开间一致的横墙承重的建筑中经常采用。做法是将横向承重墙的上部按屋面要求的坡度砌筑，上面铺钢筋混凝土屋面板或加气混凝土屋面板；也可以在横墙上搭檩条，然后铺放屋面板，再做屋面。这种做法通称"硬山搁檩"。硬山承重体系将

图 6.26 横墙承重

屋架省略，其构造简单，施工方便，因而采用较多。

2. 屋架承重

将屋架搁置在纵向外墙或柱上，屋架上架设檩条承受荷载，这种承重方式叫屋架承重（图6.27）。屋架的形式如下：

（1）木屋架。木屋架是我国传统坡屋顶建筑的主要构件，一般有人字形和三角形两种。

人字形屋架适合有内墙或内部柱子的建筑物，支点的间距（跨度）应在4～5 m，屋架间距应在2 m以内。这种屋架没有下弦杆件，不能从下弦直接做吊顶。

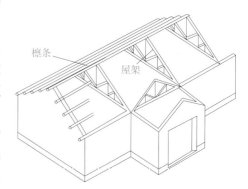

图 6.27　屋架承重

三角形木屋架是常用的一种屋架形式，适合于跨度在15 m及15 m以下的建筑物中。木屋架的高度与跨度之比为1/5～1/4，木材的断面可以用圆木或方木，断面尺寸为b=120～150 mm，h=180～240 mm。这种屋架可以做成两坡顶和四坡顶，应用较广泛。

（2）钢木组合屋架。这种屋架是将木屋架中的受拉杆件用钢材代替，这样可以充分发挥钢材的受力特点，在构造上是合理的。这种屋架适用于跨度为15～20 m、屋架的间距不大于4 m的建筑物。高度与跨度的比值为1/5～1/4。

（3）钢筋混凝土组合屋架。这种屋架是采用钢筋混凝土与型钢两种材料组成的。上弦及受压杆件均采用钢筋混凝土，下弦及受拉杆件均采用型钢。这种屋架适用于跨度为12～18 m的建筑。

3. 梁架承重

梁架也称木构架，是我国传统的屋面结构形式。梁架由柱和梁组成排架支承檩条，并利用檩条及连系梁，使整个房屋形成一个整体骨架（图6.28），墙只起围护和分隔作用，其抗震性能较好。

中国古建筑——
屋架.PPT

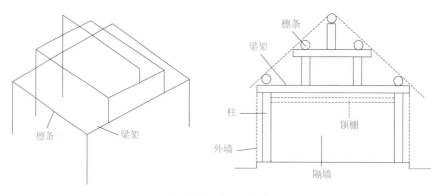

图 6.28　梁架承重

根据面层材料，坡屋面一般分为瓦屋面和金属板屋面两类。

6.4.3 瓦屋面

瓦屋面是指以搭接、固定的瓦作为外露使用防水层的坡屋面，其排水坡度一般大于20%（11°）。瓦屋面包括块瓦、沥青瓦、波形瓦等。

1. 瓦屋面构造层次

按照从下向上的施工顺序，瓦屋面的构造层如下：

块瓦屋面：结构层→保温层→防水层或防水垫层→持钉层→顺水条→挂瓦条→块瓦。

沥青瓦屋面：结构层→保温层→防水层或防水垫层→持钉层→沥青瓦。

瓦片搭接固定形成的瓦层既是防水层也是排水层。瓦屋面以排为主，为提高防水功能的可靠性，在防水等级为一级、二级的瓦屋面中应设置1道及以上卷材或涂料防水层（表6.12）。瓦屋面中除了可以选用防水卷材和防水涂料之外，也常用防水垫层。对于坡度大于25%（14°）的瓦屋面（陡坡屋面），可将防水垫层视为1道防水层。

表 6.12 瓦屋面防水做法

防水等级	防水做法	防水层		
		屋面瓦	防水卷材	防水涂料
一级	不应少于3道	为1道，应选	卷材防水层不应少于1道	
二级	不应少于2道	为1道，应选	不应少于1道；任选	
三级	不应少于1道	为1道，应选	—	

防水垫层是坡屋面中通常铺设在瓦材或金属板下面的防水材料。防水垫层应采用柔性材料，目前主要采用的是沥青类和高分子类防水垫层。沥青类防水垫层包括自黏聚合物沥青防水垫层、聚合物改性沥青防水垫层、波形沥青通风防水垫层等。高分子类防水垫层包括铝箔复合隔热防水垫层、塑料防水垫层、透汽防水垫层和聚乙烯丙纶防水垫层等。防水卷材和防水涂料，也可以作为防水垫层使用。铝箔隔热防水垫层，具有热反射隔热作用，应使用在有空气间层的通风构造屋面中。透汽防水垫层具有透汽的作用，在瓦屋面中，宜使用在潮湿环境和纤维状保温隔热材料之上，宜与其他防水垫层同时使用。在金属屋面中，可单独作为防水垫层使用。

防水垫层可采取空铺、满粘和机械固定方式。厚度在2 mm以下的聚合物改性沥青防水垫层，不可采用明火热融施工。屋面坡度大于50%，防水垫层宜采用机械固定或满粘法施工；防水垫层的搭接宽度不得小于100 mm。坡屋面细部节点部位的防水垫层应增设附加层，宽度不宜小于500 mm。

持钉层是瓦屋面中能够握裹固定钉的构造层次，如细石混凝土层和屋面板等。

2. 沥青瓦屋面

沥青瓦分为平面沥青瓦（平瓦）和叠合沥青瓦（叠瓦）（图6.29）。平面沥青瓦适用于防水等级为二级的坡屋面；叠合沥青瓦适用于防水等级为一级和二级的坡屋面。沥青瓦屋面坡度不应小于20%，屋面板宜为钢筋混凝土屋面板或木屋面板，板面应坚实、平整、干燥、牢固。铺设沥青瓦应采用固定钉固定，在屋面周边及泛水部位应满粘。

图 6.29　沥青瓦屋面

　　沥青瓦屋面的构造应符合下列规定：

（1）沥青瓦的固定方式以钉为主、黏结为辅。

（2）细石混凝土持钉层可兼作找平层或防水垫层的保护层。

（3）沥青瓦屋面为外保温隔热构造时，保温隔热层上应铺设防水垫层，且防水垫层上应做 35 mm 厚配筋细石混凝土持钉层。构造层依次宜为沥青瓦、持钉层、防水垫层、保温隔热层、屋面板（图 6.30）。

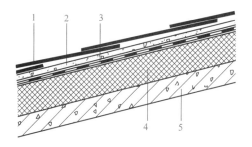

图 6.30　外保温隔热沥青瓦屋面
1—瓦材；2—持钉层；3—防水垫层；4—保温隔热层；5—屋面板

（4）屋面为内保温隔热构造时，构造层依次宜为沥青瓦、防水垫层、屋面板（图 6.31）。

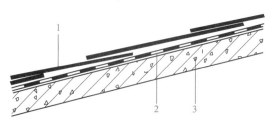

图 6.31　内保温隔热沥青瓦屋面
1—瓦材；2—防水垫层；3—屋面板

（5）防水垫层铺设在保温隔热层之下时，瓦材应固定在配筋细石混凝土持钉层上，构造层应依次为沥青瓦、持钉层、保温隔热层、防水垫层、屋面板（图 6.32）。

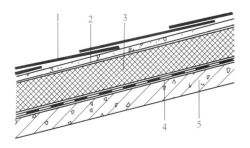

图 6.32 倒置保温隔热沥青瓦屋面
1—瓦材；2—持钉层；3—保温隔热层；4—防水垫层；5—屋面板

（6）木屋面板上铺设沥青瓦，每张瓦片不应少于 4 个固定钉；细石混凝土基层上铺设沥青瓦，每张瓦片不应少于 6 个固定钉。

（7）屋面坡度大于 100% 或处于大风区，沥青瓦固定应采取下列加强措施：每张瓦片应增加固定钉数量；上下沥青瓦之间应采用全自黏结或沥青基胶粘材料（图 6.33）加强。

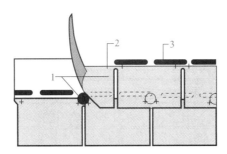

图 6.33 沥青基胶粘材料加强做法
1—沥青基胶粘材料；2—固定钉；3—沥青瓦自粘胶条

3. 块瓦屋面

块瓦包括烧结瓦、混凝土瓦等，适用于防水等级为一级和二级的坡屋面。屋面坡度不应小于 30%，屋面板可为钢筋混凝土板、木板或增强纤维板。块瓦屋面应采用干法挂瓦，固定牢固，檐口部位应采取防风揭措施（图 6.34）。

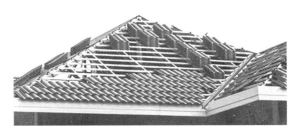

图 6.34 块瓦屋面

块瓦屋面构造要点如下：
（1）保温隔热层上铺设细石混凝土保护层做持钉层时，防水垫层应铺设在持钉层上，构造层从上向下依次为块瓦、挂瓦条、顺水条、防水垫层、持钉层、保温隔热层、屋面板（图 6.35）。

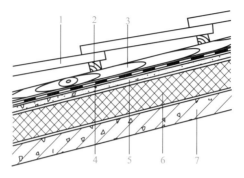

图 6.35 块瓦屋面构造一

1—瓦材；2—挂瓦条；3—顺水条；4—防水垫层；5—持钉层；6—保温隔热层；7—屋面板

（2）保温隔热层镶嵌在顺水条之间时，应在保温隔热层上铺设防水垫层，构造层依次为块瓦、挂瓦条、防水垫层或隔热防水垫层、保温隔热层、顺水条、屋面板（图 6.36）。

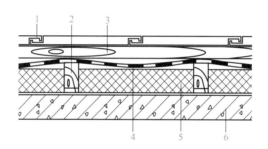

图 6.36 块瓦屋面构造二

1—块瓦；2—顺水条；3—挂瓦条；4—防水垫层或隔热防水垫层；5—保温隔热层；6—屋面板

（3）屋面为内保温隔热构造时，防水垫层应铺设在屋面板上，构造层依次为块瓦、挂瓦条、顺水条、防水垫层、屋面板（图 6.37）。

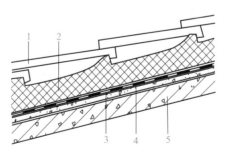

图 6.37 块瓦屋面构造三

1—块瓦；2—挂瓦条；3—顺水条；4—防水垫层；5—屋面板

（4）采用具有挂瓦功能的保温隔热层时，在屋面板上做水泥砂浆找平层，防水垫层应铺设在找平层上，保温板应固定在防水垫层上，构造层依次为块瓦、有挂瓦功能的保温隔热层、防水垫层、找平层（兼作持钉层）、屋面板（图6.38）。

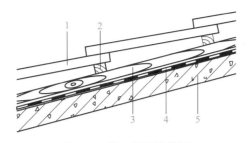

图6.38 块瓦屋面构造四
1—块瓦；2—带挂瓦条的保温板；3—防水垫层；4—找平层；5—屋面板

（5）采用波形沥青通风防水垫层时，通风防水垫层应铺设在挂瓦条和保温隔热层之间，构造层依次为块瓦、挂瓦条、波形沥青通风防水垫层、保温隔热层、屋面板（图6.39）。

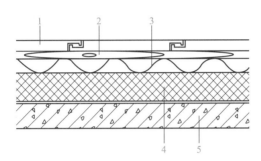

图6.39 块瓦屋面构造五
1—瓦材；2—挂瓦条；3—波形沥青通风防水垫层；4—保温隔热层；5—屋面板

（6）屋面排水系统可采用混凝土檐沟、成品檐沟、成品天沟；斜天沟宜采用混凝土排水沟瓦或金属排水沟。

（7）块瓦屋面挂瓦条、顺水条安装应符合下列规定：木挂瓦条应钉在顺水条上，顺水条用固定钉钉入持钉层内；钢挂瓦条与钢顺水条应焊接连接，钢顺水条用固定钉钉入持钉层内；通风防水垫层可替代顺水条，挂瓦条应固定在通风防水垫层上，固定钉应钉在波峰上。

（8）屋面坡度大于100%或处于大风区时，块瓦固定应采取下列加强措施：檐口部位应有防风揭和防落瓦的安全措施；每片瓦应采用螺钉和金属搭扣固定。

4.瓦屋面细部构造

（1）屋脊部位增设防水垫层附加层，宽度不应小于500 mm；防水垫层应顺流水方向铺设和搭接（图6.40）。

（2）檐口部位应增设防水垫层附加层（图6.41）。严寒地区或大风区域，应采用自黏聚合物沥青防水垫层加强，下翻宽度不应小于100 mm，屋面铺设宽度不应小于900 mm；金属泛水板应铺设在防水垫层的附加层上，并伸入檐口内；在金属泛水板上应铺设防水垫层。

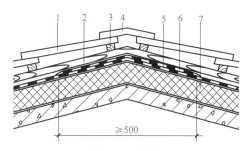

图 6.40 屋脊

1—瓦；2—顺水条；3—挂瓦条；4—脊瓦；5—防水垫层附加层；6—防水垫层；7—保温隔热层

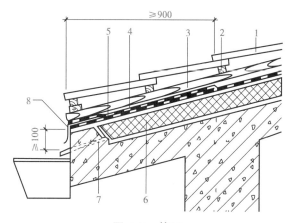

图 6.41 檐口

1—瓦；2—挂瓦条；3—顺水条；4—防水垫层；5—防水垫层附加层；6—保温隔热层；

7—排水管；8—金属泛水板

（3）钢筋混凝土檐沟部位构造（图 6.42）：檐沟部位应增设防水垫层附加层；檐口部位防水垫层的附加层应延展铺设到混凝土檐沟内。

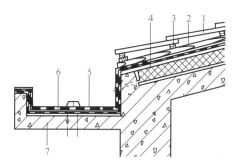

图 6.42 钢筋混凝土檐沟

1—瓦；2—顺水条；3—挂瓦条；4—保护层（持钉层）；5—防水垫层附加层；

6—防水垫层；7—钢筋混凝土檐沟

（4）天沟部位构造（图 6.43）：天沟部位应沿天沟中心线增设防水垫层附加层，宽度不应小于 1 000 mm；铺设防水垫层和瓦材应顺流水方向进行。

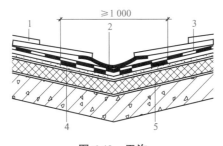

图 6.43 天沟
1—瓦；2—成品天沟；3—防水垫层；4—防水垫层附加层；5—保温隔热层

（5）立墙部位构造（图 6.44）：阴角部位应增设防水垫层附加层；防水垫层应满粘铺设，沿立墙向上延伸不少于 250 mm；金属泛水板或耐候型泛水带覆盖在防水垫层上，泛水带与瓦之间应采用胶粘剂满粘；泛水带与瓦搭接应大于 150 mm，并应黏结在下一排瓦的顶部；非外露型泛水的立面防水垫层宜采用钢丝网聚合物水泥砂浆层保护，并用密封材料封边。

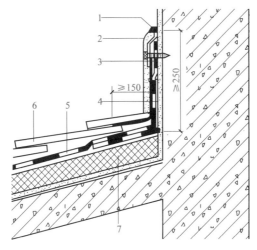

图 6.44 立墙
1—密封材料；2—保护层；3—金属压条；4—防水垫层附加层；5—防水垫层；6—瓦；7—保温隔热层

（6）女儿墙部位构造（图 6.45）：阴角部位应增设防水垫层附加层；防水垫层应满粘铺设，沿立墙向上延伸不应少于 250 mm；金属泛水板或耐候型自黏柔性泛水带覆盖在防水垫层或瓦上，泛水带与防水垫层或瓦搭接应大于 300 mm，并应压入上一排瓦的底部；宜采用金属压条固定，并密封处理。

（7）穿出屋面管道构造（图 6.46）：阴角处应满粘铺设防水垫层附加层，附加层沿立墙和屋面铺设，宽度均不应少于 250 mm；防水垫层应满粘铺设，沿立墙向上延伸不应少于 250 mm；金属泛水板、耐候型自黏柔性泛水带覆盖在防水垫层上，上部迎水面泛水带与瓦搭接应大于 300 mm，并应压入上一排瓦的底部；下部背水面泛水带与瓦搭接应大于 150 mm；金属泛水板、耐候型自黏柔性泛水带表面可覆盖瓦材或其他装饰材料；应用密封材料封边。

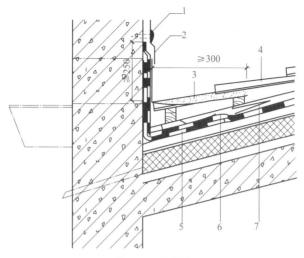

图 6.45　女儿墙

1—耐候密封胶；2—金属压条；3—耐候型自黏柔性泛水带；4—瓦；5—防水垫层附加层；

6—防水垫层；7—顺水条

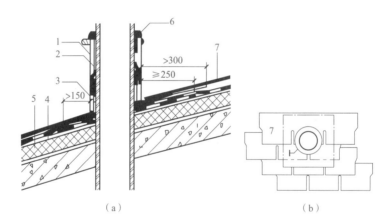

（a）　　　　　　　　　　　　　　　　　　　（b）

图 6.46　穿出屋面管道

1—成品泛水件；2—防水垫层；3—防水垫层附加层；4—保护层（持钉层）；

5—保温隔热层；6—密封材料；7—瓦

6.4.4　金属板屋面

金属板屋面是采用压型金属板或金属面绝热夹芯板的建筑屋面，由金属面板与支承结构组成（图 6.47）。金属板屋面可选用镀层钢板、涂层钢板、铝合金板、不锈钢板和钛锌板等金属板材，采用相应的压型金属板板型。

1. 金属板屋面的防水要求

当前金属板屋面防水大多采用金属板加防水卷材的做法。防水卷材常选用合成高分子类

图 6.47　金属板屋面

防水卷材，其施工便利，搭接、收头处理更加方便可靠。金属屋面防水做法见表6.13。当在屋面金属板基层上单层使用聚氯乙烯防水卷材（PVC）、热塑性聚烯烃防水卷材（TPO）、三元乙丙防水卷材（EPDM）等外露型防水卷材时，防水卷材的厚度：一级防水不应小于1.8 mm，二级防水不应小于1.5 mm，三级防水不应小于1.2 mm。

表6.13　金属屋面防水做法

防水等级	防水做法	防水层	
		金属板	防水卷材
一级	不应少于2道	为1道，应选	不应少于1道；厚度不应小于1.5 mm
二级	不应少于2道	为1道，应选	不应少于1道
三级	不应少于1道	为1道，应选	—

2. 金属板屋面的构造要求

（1）压型金属板。压型金属板屋面构造层次（图6.48）包括金属屋面板、固定支架、透汽防水垫层、保温隔热层和承托网。

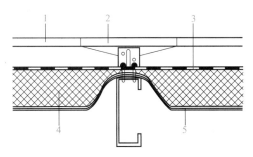

图6.48　压型金属板屋面
1—金属屋面板；2—固定支架；3—透汽防水垫层；4—保温隔热层；5—承托网

按照防水通用规范的要求，压型金属板的厚度应符合：压型铝合金面层板的公称厚度不应小于0.9 mm；压型钢板面层板的公称厚度不应小于0.6 mm；压型不锈钢面层板的公称厚度不应小于0.5 mm。

压型金属板采用咬口锁边连接时，屋面的排水坡度不宜小于5%；采用紧固件连接时，屋面的排水坡度不宜小于10%。内檐沟及内天沟应设置溢流口或溢流系统，沟内宜按0.5%找坡。金属檐沟、天沟的伸缩缝间距不宜大于30 m，伸缩变形除应满足咬口锁边连接或紧固件连接的要求外，还应满足檩条、檐口及天沟等使用要求，且金属板最大伸缩变形量不应超过100 mm。金属板在主体结构的变形缝处宜断开，变形缝上部应加扣带伸缩的金属盖板。

（2）金属面绝热夹芯板屋面。金属面绝热夹芯板屋面由金属面绝热夹芯板和支承结构组成。

夹芯板顺坡长向搭接，坡度小于10%时，搭接长度不应小于300 mm；坡度大于等于

10% 时，搭接长度不应小于 250 mm；包边钢板、泛水板搭接长度不应小于 60 mm，铆钉中距不应大于 300 mm；夹芯板横向相连应为拼接式或搭接式，连接处应密封（图 6.49）；夹芯板纵横向的接缝、外露铆钉钉头，以及细部构造应采用密封材料封严。

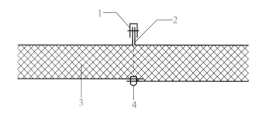

图 6.49　拼接式金属面绝热夹芯板屋面
1—防水扣槽；2—夹芯板翻边；3—夹芯屋面板；4—螺钉

3. 金属板屋面的细部构造

（1）金属板屋面的檐口、檐沟、天沟、屋脊以及金属泛水板与女儿墙、山墙等交接处，均是屋面渗漏的薄弱部位。根据《屋面工程技术规范》（GB 50345—2012），金属板铺装应满足以下最小尺寸要求：

①金属板檐口挑出墙面的长度不应小于 200 mm；

②金属板伸入檐沟、天沟内的长度不应小于 100 mm；

③金属泛水板与突出屋面墙体的搭接高度不应小于 250 mm；

④金属泛水板、变形缝盖板与金属板的搭盖宽度不应小于 200 mm；

⑤金属屋脊盖板在两坡面金属板上的搭盖宽度不应小于 250 mm。

（2）檐口构造（图 6.50）。屋面金属板的挑檐长度宜为 200～300 mm；金属板与檐沟之间应设置防水密封堵头和金属封边板，屋面金属板挑入檐沟内的长度不宜小于 100 mm；墙面宜在相应位置设置檐口堵头；屋面和墙面保温隔热层应连接。

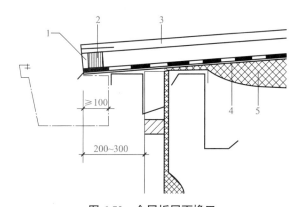

图 6.50　金属板屋面檐口
1—封边板；2—防水堵头；3—金属屋面板；4—防水垫层；5—保温隔热层

（3）出屋面山墙构造（图 6.51）。出屋面山墙部位金属板屋面与墙相交处泛水的高度不应小于 250 mm。

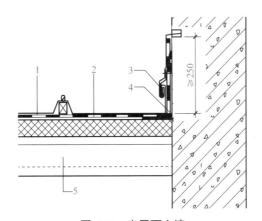

图 6.51 出屋面山墙
1—金属屋面板；2—防水垫层；3—泛水及温度应力组件；4—支撑角钢；5—檩条

金属夹芯板屋面屋脊构造（图 6.52）应包括屋脊盖板、屋脊盖板支架、夹芯屋面板等。屋脊处应设置屋脊盖板支架，屋脊板与屋脊盖板支架连接，连接处和固定部位应采用密封胶封严。

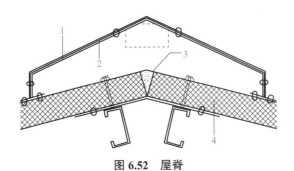

图 6.52 屋脊
1—屋脊盖板；2—屋脊盖板支架；3—聚苯乙烯泡沫条；4—夹芯屋面板

📖 复习页

一、填空题

1. 屋顶的形式可分为三大类：_____、_____、_____。

2. 坡屋顶按承重结构可分为：_____、_____、_____、_____。

3. 屋面排水方式有_____和_____两种。

4. 屋面雨水口的位置均匀布置。一般民用建筑不宜超过_____ m。

5. 平屋顶排水坡度有_____和结构找坡两种做法。

6. 刚性屋面分仓缝的控制面积为_____ m²。

7. 刚性防水屋面对_____和温度变化比较敏感，会引起刚性防水层开裂。

8. 屋面泛水是指_____，泛水应有足够的高度，最小为_____ mm。

9. 刚性防水屋面是指用_____，其防水层采用_____。

二、选择题

1. 泛水系屋面防水层与垂直墙交接处的防水处理，其高度应不小于（   ）mm。

    A. 120   B. 180   C. 200   D. 250

2. 硬山屋顶的做法是（   ）。

    A. 檐墙挑檐   B. 山墙挑檐   C. 檐墙包檐   D. 山墙封檐

3. 屋面排水区一般按每个雨水口排除（   ）屋面（水平投影）雨水来划分。

    A. $100 \sim 120 \ \mathrm{m}^2$ B. $150 \sim 200 \ \mathrm{m}^2$

    C. $120 \sim 150 \ \mathrm{m}^2$ D. $200 \sim 250 \ \mathrm{m}^2$

4. 平屋顶采用材料找坡的形式时，垫坡材料不宜用（   ）。

    A. 水泥炉渣   B. 石灰炉渣   C. 细石混凝土   D. 膨胀珍珠岩

5. 屋面防水采用以导为主，以堵为辅的屋面是（   ）。

    A. 柔性屋面   B. 刚性屋面   C. 拒水粉屋面   D. 小青瓦屋面

三、判断题

1. 屋面排水的搁置坡度也称结构找坡。（   ）

2. 为了防止不规则裂缝，适应屋面变形，不管什么屋面防水层都要做分仓缝。（   ）

3. 屋面覆盖材料面积小、厚度大时，这类屋面的排水坡度可以小一些。（   ）

四、看图填空题

1. 识读表 6.14 中屋顶排水平面图，并填写排水方式及其特点。

表 6.14　识读屋顶排水平面图

屋顶排水平面图	排水方式及特点
	（1）排水方式： 特点：
	（2）排水方式： 特点：
	（3）排水方式： 特点：

屋顶排水平面图	排水方式及特点
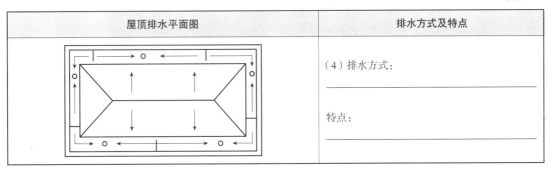	（4）排水方式： 特点：

2.根据屋顶保温构造的不同，识读表 6.15 中屋面详图，并填写对应的屋面类型。

表 6.15　屋面详图

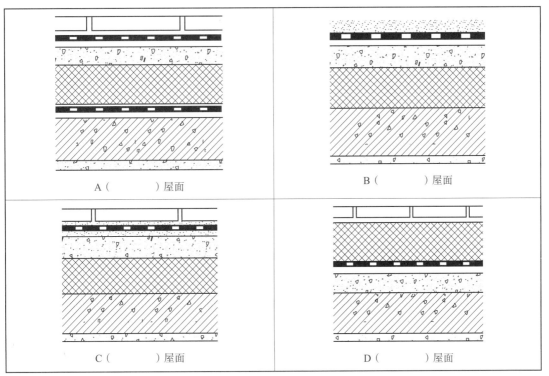

模块 7 门窗

引导页

学习目标

知识目标	1. 了解门窗的类型和基本组成。 2. 掌握门窗的尺寸要求。 3. 掌握铝合金门窗及塑钢门窗的构造。 4. 了解常见遮阳措施。
技能目标	1. 能根据建筑的使用要求和标准选用门窗。 2. 能够正确识读门窗工程图纸和图集。 3. 依据选用的门窗作出安装构造节点图。 4. 能联系实际运用平开窗、铝合金窗、塑钢窗的构造。 5. 能联系实际解决生活中的遮阳问题。
素质目标	1. 培养仔细、严谨的工作作风和团队意识。 2. 培养创新意识与创造能力。 3. 培养解决实际问题的能力。

学习要点

门和窗是房屋建筑中的两个围护构件。门的主要作用是供交通出入、分隔联系建筑空间，有时也兼具通风作用和采光作用；窗的主要作用是采光、通风、观察等。窗的开启方式有固定窗、平开窗、滑轴窗、推拉窗、立轴窗和悬窗，门的开启方式有平开门、推拉门、弹簧门、自动门等。

窗主要由窗框、窗扇、五金零件及附件四部分组成。窗洞口宽度和高度取决于使用功能及建筑立面的要求，均采用 300 mm 的扩大模数。

门的位置和尺寸的确定一般由交通疏散要求和防火规范要求确定。门构造一般由门框、门扇、亮子、五金零件及附件组成。

铝合金门窗的型材截面形式和规格是随开启方式和门窗面积划分的，门窗框截面按其高度分别为40系列、50系列、60系列、70系列、90系列、100系列。

塑钢门窗是以改性硬质聚氯乙烯为主要原料，加上一定比例的稳定剂、着色剂、填充剂、紫外线吸收剂等辅助剂，经挤出机挤出成型为各种断面的中空异型材。在内腔衬以型钢加强筋，用热熔焊接机焊接成型组装制作成门窗。其开启方式和铝合金门窗相同。

遮阳措施主要有绿化遮阳、简易设施遮阳、遮阳板遮阳。其中遮阳板根据构造形式的不同又分为：水平式、垂直式、综合式和挡板式。

参考资料

《民用建筑通用规范》（GB 55031—2022）。
《民用建筑设计统一标准》（GB 50352—2019）。
《铝合金门窗工程技术规范》（JGJ 214—2010）。
《塑料门窗工程技术规程》（JGJ 103—2008）。
《建筑门窗无障碍技术要求》（GB/T 41334—2022）。
《建筑门窗洞口尺寸系列》（GB/T 5824—2021）。
《建筑门窗术语》（GB/T 5823—2008）。
《建筑装饰装修工程质量验收标准》（GB 50210—2018）。
《住宅装饰装修工程施工规范》（GB 50327—2001）。
《建筑与市政工程施工质量控制通用规范》（GB 55032—2022）。

☞ 工作页

某住宅建筑有四层，底层为车库和储藏室，底层平面图、标准层平面图和南、北立面图如图7.1～图7.3所示，结合本模块学习内容，读图完成任务。

1. 完成外立面门窗列表

根据图纸确定该住宅外墙门窗编号、洞口尺寸、洞口数量、洞口类型，自行选择门窗材料，填写在表7.1中。

注：不考虑老虎窗，没有编号的门窗自行编号。

2. 回答问题

（1）该住宅门窗宽度尺寸采用模数为____ M = ____ mm。

（2）该住宅门窗高度尺寸采用模数为____ M = ____ mm。

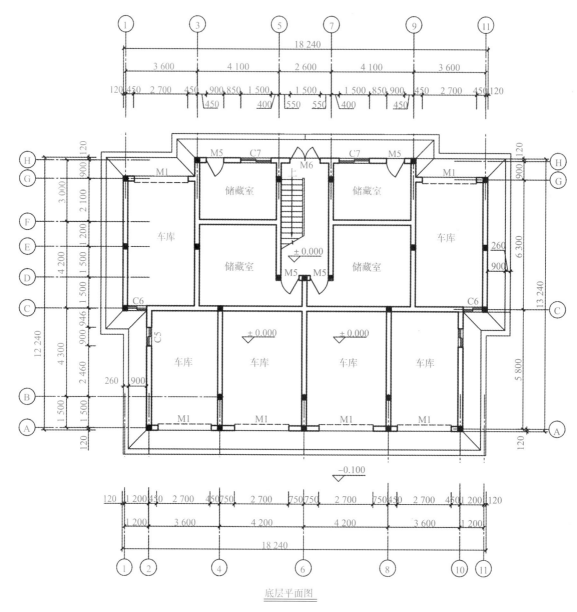

图 7.1 某住宅底层平面图

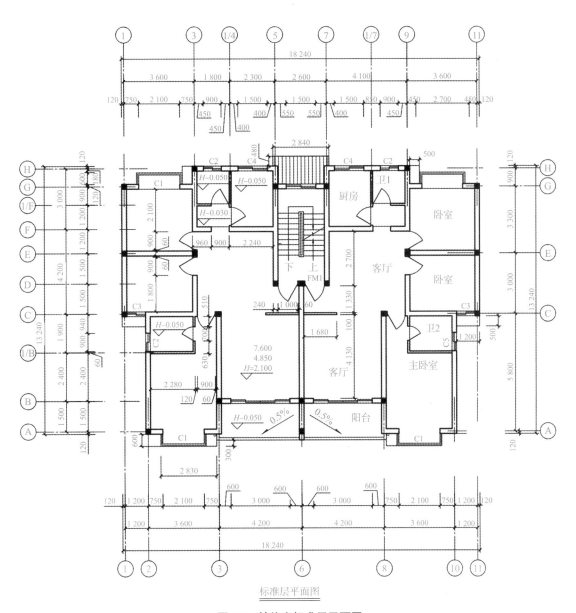

标准层平面图

图 7.2 某住宅标准层平面图

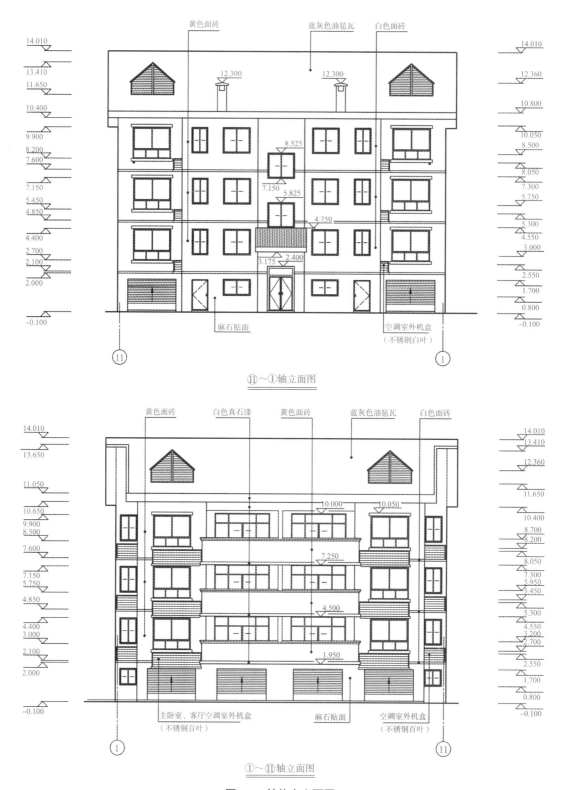

黄色面砖　蓝灰色油毡瓦　白色面砖

14.010
13.410
11.650
10.400
9.900
8.200
7.600
7.150
5.450
4.850
4.400
2.700
2.100
2.000
−0.100

14.010
12.360
10.800
10.050
8.500
8.050
7.300
5.750
5.300
4.550
3.000
2.550
1.700
0.800
−0.100

12.300　12.300
8.525
7.150
5.825
4.750
3.175　2.400

麻石贴面

空调室外机盒
（不锈钢白叶）

⑪　①

⑪～①轴立面图

黄色面砖　白色真石漆　黄色面砖　蓝灰色油毡瓦　白色面砖

14.010
13.650
11.050
10.650
9.900
8.500
7.600
7.150
5.750
4.850
4.400
3.000
2.100
2.000
−0.100

14.010
13.410
12.360
11.650
10.400
8.700
8.200
8.050
7.300
5.950
5.450
5.300
4.550
3.200
2.700
2.550
1.700
0.800
−0.100

10.000　10.050
7.250
4.500
1.950

主卧室、客厅空调室外机盒
（不锈钢百叶）

麻石贴面

空调室外机盒
（不锈钢百叶）

①　⑪

①～⑪轴立面图

图 7.3　某住宅立面图

180

表 7.1 门窗列表

门窗编号	洞口尺寸（宽 × 高）/（mm×mm）	数量	门窗类型	材料

☞ 学习页

7.1 门窗类型

门窗是建筑用窗和人行门的总称，是房屋的重要组成部分。门是围蔽墙体洞口，可开启、关闭，并可供人出入的建筑部件。窗是围蔽墙体洞口，可起采光、通风或观察等作用的建筑部件的总称，通常包括窗框和一个或多个窗扇以及五金配件，有时还带有亮窗和换气装置。

门窗的构造和材料应根据建筑使用功能、节能要求、所在地区气候条件等因素综合确定，满足抗风、水密、气密等性能要求，并综合考虑安全、采光、节能、通风、防火、隔声等要求。同时，门窗又是建筑物的外观和室内装饰的重要组成部分，门窗的选用需符合建筑装饰设计要求。

7.1.1 门的类型

1. 按材料分类

按材料分类，门可分为木门、钢门、铝合金门、塑料门、铝塑门等。

2. 按用途分类

按用途分类，门可以分为外门、阳台门、风雨门、内门和安全门。

风雨门是指安装在外门外侧或内侧的次门。安全门也称逃生门，是用于疏散人员的门。

3. 按开启方式分类

按开启方式分类，门可分为平开门、推拉门、折叠门、转门和卷帘门等。

（1）平开门（图7.4）：指转动轴（铰链）安在门扇的一侧与门框相连，门扇水平向门框平面外旋转开启的门。平开门有单扇、双扇或多扇组合等形式，分内开和外开两种。常用的弹簧门、地弹簧门都是平开门。平开门构造简单，开启灵活，安装维修方便，是建筑中使用最广泛的一种形式。

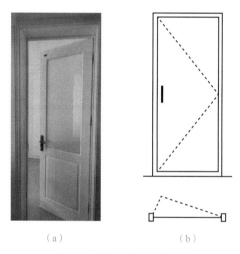

（a）　　　　　　　　　（b）

图7.4　单扇右开内平开门
（a）实物图；（b）图例

弹簧门（图7.5）：采用弹簧铰链连接门扇和门框，可顺时针和逆时针双向旋转开启的平开门，可以自动关闭。弹簧门适用于人流较多，需要自动关闭的场所。为避免逆向人流相互碰撞，一般门上都安装有玻璃。弹簧门使用方便，但关闭不严密，密闭性稍差。

（2）推拉门［图7.6(a)、(c)］：门扇在平行门框的平面内沿水平方向移动启闭的门，该门沿设置在门上部或下部的轨道或滑槽左右滑移。推拉门有普通推拉门、电动及感应推拉门等。普通推拉门具有占地少、灵活性强、能够分隔空间的优点，也存在尺寸不宜过大、关闭不严密、空间密闭性不好的缺点。近几年，随着断桥铝、铝木等型材的升级换代和各类五金传动杆件的创新发展，提升推拉门被广泛采用。这种推拉门开启时利用五金件的传动功能使门扇提升一定高度，致使密封胶条解除密封从而实现推拉（内倾）功能［图7.6（b）、(d)］。提升推拉门具有承重能力强、密封性好、门扇开启大、通透性佳、抗风压等优点，安全性、节能性、舒适性大幅提高，属于大型、重型推拉门。

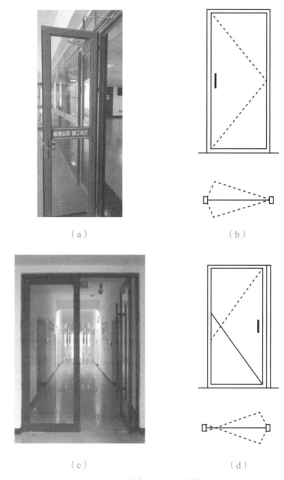

（a）　　　　　　　　　　（b）

（c）　　　　　　　　　　（d）

图 7.5　弹簧门和地弹簧门
（a）弹簧门实物图；（b）弹簧门图例；（c）地弹簧门实物图；（d）地弹簧门图例

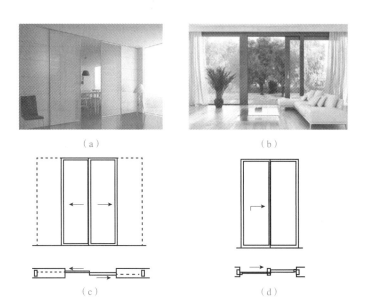

（a）　　　　　　　　　　（b）

（c）　　　　　　　　　　（d）

图 7.6　推拉门和提升推拉门
（a）推拉门实物图；（b）提升推拉门实物图；（c）推拉门图例；（d）提升推拉门图例

（3）折叠门（图7.7）：指由多个较窄的门扇相互间用铰链连接而成的门，开启后可推移到侧边，门扇可折叠在一起，占空间较少。折叠门分侧挂式折叠门和推拉式折叠门两种，适用于各种大小洞口，尤其是宽度比较大的洞口，具有开启方便、节约空间、美观大方、样式新颖等优点。

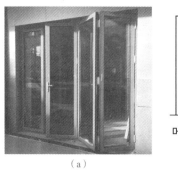
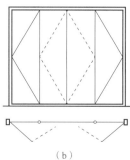

（a）

（b）

图7.7　折叠门
（a）实物图；（b）图例

（4）转门（图7.8）：指单扇或多扇沿竖轴逆时针转动的门，一般由三扇或四扇门连成风车形，固定在中铀上，可在弧形门套内旋转。转门对隔绝室外气流有一定作用，可作为寒冷地区公共建筑的外门，但不能作为疏散门。如设置在疏散口时，应在其旁边另设疏散门。

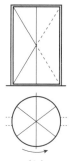

（a）

（b）

图7.8　转门
（a）实物图；（b）图例

（5）卷帘门（图7.9）：指用页片、栅条、网格组成，在固定的滑道内，可向左右、上下卷动开启的门。卷帘门适用于门洞较大，不便安装地面门体的地方，比如商业门面、车库、商场、医院、厂矿企业等公共场所或住宅，起到方便、快捷开启的作用。

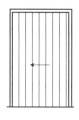

（a）

（b）

图7.9　卷帘门
（a）实物图；（b）图例

另外还有上翻门、升降门等，多用于厂房、仓库、车库等场所。

4. 按构造分类

按构造分类，门可以分为夹板门、镶板门、镶玻璃门、全玻璃门、格栅门、百叶门、带纱扇门、连窗门、双重门等。

（1）夹板门［图7.10（a）］：指门梃两侧贴各类板材的门。

（2）镶板门：指门梃间镶板的门。

（3）镶玻璃门［图7.10（b）］：指门梃间镶玻璃的门。

（4）全玻璃门：指门扇全部为玻璃的门。

（5）格栅门［图7.10（c）］：指由多片（根）栅条制作的门。

（6）百叶门［图7.10（d）］：指由多片百叶片制作的门。

（7）带纱扇门：指带有纱门扇的门。

（8）连窗门［图7.10（e）］：指带有窗的门。

（9）双重门［图7.10（f）］：也称双层门，指由相互独立安装的两套门组成的两层外门。

（a）   （b）   （c）

（d）   （e）   （f）

图7.10　各种构造的门
（a）夹板门；（b）镶玻璃门；（c）格栅门；（d）百叶门；（e）连窗门；（f）双重门

知识链接

门作为中国古代建筑的一个最常见的构件，类型千奇百变。作为出入的要道，吐纳的气喉，文化的载体，门早已突破了仅仅作为开阖建筑的狭义范畴。它的形式和内容渗透了中国传统文化的浓重色彩，也体现了古代人民强烈的民族情感。

中国古建筑
之门.PPT

7.1.2 窗的类型

1. 按材料分类

按材料分类，窗可分为木窗、钢窗、铝合金窗、塑料窗、玻璃窗、铝塑等复合材料制成的窗。

2. 按开启方式分类

按开启方式分类，窗可分为固定窗、平开窗、悬窗、推拉窗、立转窗等。

（1）固定窗（图7.11）：将玻璃直接安装在窗框上，不能开关，只供采光、日照和眺望用的窗。

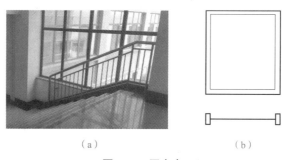

（a）　　　　　　　　　（b）

图7.11　固定窗
（a）实物图；（b）图例

（2）平开窗：窗扇用合页（铰链）与窗框侧边相连，可水平开启的窗［图7.12（a）、（b）］。平开窗有内开和外开之分，外开窗开启后，不占室内空间，但易受风雨侵袭，安全性较差；内开窗的性能正好与之相反。平开窗构造简单，制作、安装和维修方便。

平开窗中有一种滑轴平开窗［图7.12（c）、（d）］，窗扇上下装有折叠合页（滑撑），向室外或室内产生旋转并同时平移开启。

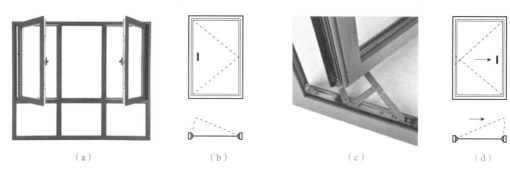

（a）　　　　　　（b）　　　　　　（c）　　　　　　（d）

图7.12　平开窗
（a）平开窗实物图；（b）平开窗图例；（c）滑轴平开窗实物；（d）滑轴平开窗图例

186

（3）悬窗（图7.13）：悬窗的窗扇可绕水平轴转动，有上悬、中悬、下悬三种形式。上、中悬窗防雨效果好，有利于通风，尤其对高窗开启较方便。下悬窗防雨性能差，且开启占用室内空间，一般用于内门上的亮子。

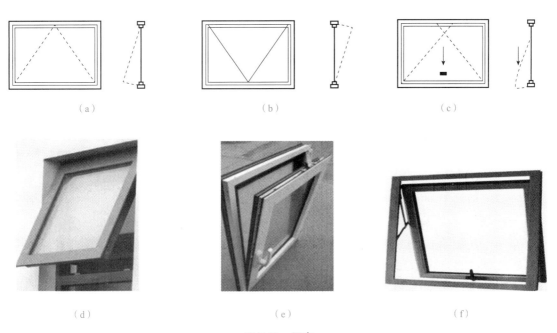

图 7.13　悬窗
（a）外开上悬窗图例；（b）内开下悬窗图例；（c）外开滑轴上悬窗图例；
（d）外开上悬窗实物图；（e）内开下悬窗实物图；（f）外开滑轴上悬窗实物图

内平开下悬窗（图7.14）：现在民用建筑中常用的一种开启扇，可分别采取内平开和下悬开启形式的窗。这种窗开启方式灵活，为人们提供了多种选择；优化了悬窗的通风性能，提升了平开窗的安全性，防尘、防雨性能较好，易于清洁。

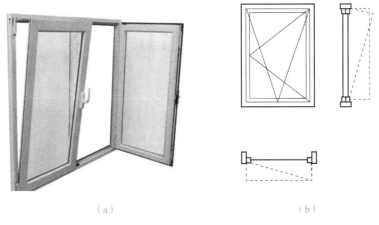

图 7.14　内平开下悬窗
（a）实物图；（b）图例

（4）推拉窗（图7.15）：分垂直推拉窗和水平推拉窗两种，其窗扇沿水平或竖向导轨或滑槽推拉。推拉窗不占用室内空间，窗扇及玻璃尺寸均比平开窗大，有利于采光，但通风面积受到限制。左右水平推拉窗现常用于铝合金及塑料门窗上。

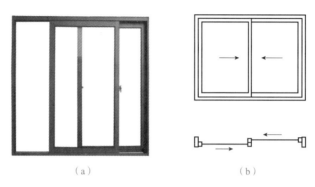

（a）　　　　　　　　　　（b）

图7.15　推拉窗
（a）实物图；（b）图例

垂直推拉窗即上下推拉窗（图7.16），也称提拉窗，分为上下双推拉窗、上推拉窗和下推拉窗三种开启方式。上下双推拉窗，也称双提拉窗，两窗扇均可沿垂直方向上下推拉移动。下推拉窗，也称下提拉窗，只有下部窗扇可沿垂直方向移动；反之，只有上部窗扇可沿垂直方向移动的是上推拉窗，也称上提拉窗。

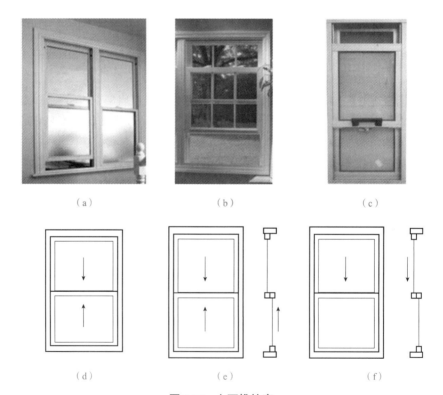

（a）　　　　　　　　（b）　　　　　　　　（c）

（d）　　　　　　　　（e）　　　　　　　　（f）

图7.16　上下推拉窗
（a）上下双推拉窗实物图；（b）下推拉窗实物图；（c）上推拉窗实物图；（d）上下双推拉窗图例；
（e）下推拉窗图例；（f）上推拉窗图例

折叠推拉窗（图 7.17）是用多个合页（铰链）连接的窗扇沿水平方向折叠移动开启的窗。

 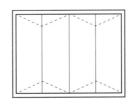
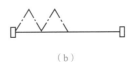

（a）   （b）

图 7.17　折叠推拉窗
（a）实物图；（b）图例

上下折叠窗是用把手向上提拉窗扇，窗扇沿左右滑轨向上折叠平移的窗（图 7.18）。这种窗由上下两个或三个窗扇组成，上下相邻窗扇用铰链连接，顶扇固定于窗上框，其他每个窗扇的上梃或下梃左右各有一点固定于窗框滑轨上，保证窗扇在开启时沿轨道上下滑动。折叠扇可任意位置悬停，根据需要调整开启高度，玻璃选配多样化。上下折叠窗窗扇向上折叠有开阔的视野，不占底部空间，并且折上去的扇可以当遮阳雨篷。其适合酒吧、咖啡厅、快餐店、蛋糕店等各种临街店铺。

（5）立转窗（图 7.19）：是窗扇沿竖轴转动的窗。其优点是通风和采光效果较好，但安装纱窗不方便、密闭性较差。

  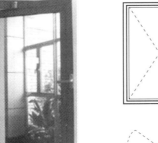

（a）   （b）

图 7.18　上下折叠窗　　　　　　　　**图 7.19　立转窗**
（a）实物图；（b）图例

3. 按层数分类

按层数分类，窗可分为单层窗、双层扇窗、双重窗等形式。

双层扇窗是一套窗框内装有两层窗扇的窗。双重窗也称双层窗，由相互独立安装的两套窗组成，即两套窗框两层窗扇。

知识链接

门窗作为古建筑中的一个重要组成部分，不仅拥有采光、通风、隔声、防盗等多种功能，还以其丰富的吉祥元素图案表达着较为丰富古典的内涵，实现了观赏美和精神享受，真正实现了内涵与形式的和谐统一。

中国古建筑
之窗 .PPT

7.2 门窗的组成和尺寸

7.2.1 门窗的组成

门窗主要出门框（窗框）、门扇（窗扇）、五金件及附件组成（图 7.20）。门窗框由上框、边框、中横框、中竖框和下框组成，一般门不设下框（俗称"门槛"）。门窗扇由上梃、中横梃、边梃、下梃和横芯、竖芯等组成。五金件主要有铰链、拉手、导轨、转轴和滑轮等。附件有贴脸板、筒子板、窗台板等，根据要求增设。

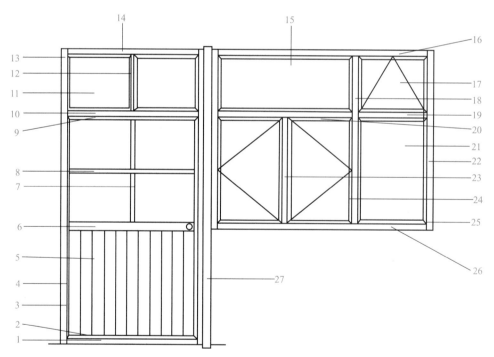

图 7.20 门窗的组成

1—门下框；2—门扇下梃；3—门边框；4—门扇边梃；5—镶板；6—门扇中横梃；7—竖芯；
8—横芯；9—门扇上梃；10—门中横框；11—亮窗；12—亮窗中竖框；13—玻璃压条；
14—门上框；15—固定亮窗；16—窗上框；17—亮窗；18—窗中竖框；19—窗中横框；
20—窗扇上梃；21—固定窗；22—窗边框；23—窗中竖梃；24—窗扇边梃；25—窗扇下梃；
26—窗下框；27—拼樘框

7.2.2 门窗的尺寸

门窗洞口和门窗的宽、高构造尺寸，分别以门窗洞口宽、高定位线为基准，按门窗安装形式（平接、槽接、搭接）、安装方法（干法、湿法）和安装构造缝隙确定（图7.21）。门窗洞口和门窗的宽、高构造尺寸，根据洞口宽、高定位线的不同位置，分别有大于、等于或小于门窗洞口宽、高标志尺寸三种情况，如图7.21为 $A_2<A<A_1$ 且 $B_2<B<B_1$ 的情况。

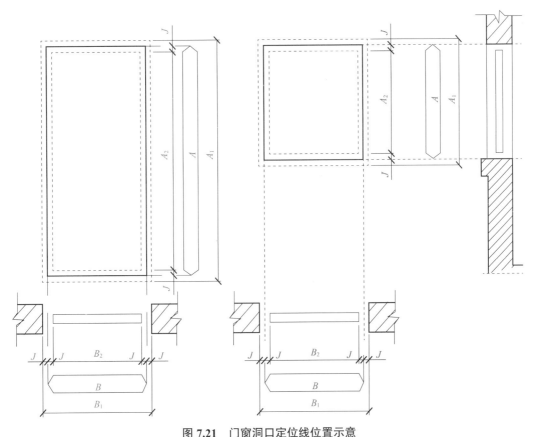

图7.21　门窗洞口定位线位置示意

A—门窗洞口高度标志尺寸；A_1—门窗洞口高度构造尺寸；
A_2—门窗高度构造尺寸；B—门窗洞口宽度标志尺寸；B_1—门窗洞口宽度构造尺寸；
B_2—门窗宽度构造尺寸；J—安装缝隙尺寸

洞口墙体表面装饰层处于门窗洞口和门窗框分别与洞口定位线之间的装配空间（洞口与标志尺寸之间的安装构造缝隙和门窗与标志尺寸之间的安装构造缝隙之和）中。

门窗设计时应贯彻模数协调原则，优先选用标准门窗洞口尺寸系列的基本规格，其次选用辅助规格，在同一地区、同一建筑物内减少规格数量。《建筑门窗洞口尺寸系列》(GB/T 5824—2021)规定，居住建筑标准层设计时，门、窗洞口尺寸应分别选用表7.2、表7.3给出的民用建筑门、窗洞口优先尺寸系列。公共建筑标准层门、窗洞口尺寸宜分别选用表7.2、表7.3尺寸系列。

表 7.2 民用建筑门洞口优先尺寸系列

标志尺寸 / mm	洞口宽度	700	800	900	1 000	1 200	1 500	1 800
洞口高度	序号	1	2	3	4	5	6	7
2 100	2	□	□	□	□	□	□	□
2 400	3	□	□	□	□	□	□	□

表 7.3 民用建筑窗洞口优先尺寸系列

标志尺寸 / mm	洞口宽度	600	900	1 200	1 500	1 800	2 100
洞口高度	序号	1	2	3	4	5	6
600	1	□	□	□	□	□	□
900	2	□	□	□	□	□	□
1 200	3	□	□	□	□	□	□
1 500	4	□	□	□	□	□	□
1 800	5	□	□	□	□	□	□
2 100	6	□	□	□	□	□	□

建筑门窗洞口尺寸系列的规格型号以门窗洞口标志宽度和高度的千、百、十位数字，前后顺序排列组成的六位数字表示，无千位数字，以"0"表示。

例 1：门洞口的标志宽度为 800 mm、标志高度为 2 100 mm 时，其型号为 080210。

例 2：窗洞口的标志宽度为 1 800 mm、标志高度为 1 200 mm 时，其型号为 180120。

7.2.3 窗台高度

为了安全，《民用建筑设计统一标准》（GB 50352—2019）规定窗台高度应满足以下要求：

（1）公共走道的窗扇开启时不得影响人员通行，其底面距走道地面高度不应低于 2.0 m；

（2）公共建筑临空外窗的窗台距楼地面净高不得低于 0.8 m，否则应设置防护设施，防护设施的高度由地面起算不应低于 0.8 m；

（3）居住建筑临空外窗的窗台距楼地面净高不得低于 0.9 m，否则应设置防护设施，防护设施的高度由地面起算不应低于 0.9 m；

（4）当凸窗窗台高度低于或等于 0.45 m 时，其防护高度从窗台面起算不应低于 0.9 m；当凸窗窗台高度高于 0.45 m 时，其防护高度从窗台面起算不应低于 0.6 m。

防护措施可以采用设置防护栏杆或采用带水平窗框加夹层玻璃的做法。

7.3 门窗的安装

7.3.1 门窗安装要求

根据《建筑与市政工程施工质量控制通用规范》（GB 55032—2022）和《建筑装饰装修工程质量验收标准》（GB 50210—2018），门窗安装应符合下列要求：

（1）建筑外门窗应安装牢固，推拉门窗扇应配备防脱落装置。

（2）金属门窗和塑料门窗安装应采用预留洞口的方法施工。

为防止门窗框受挤压变形和表面保护层受损，金属门窗和塑料门窗安装不得采用边安装边砌口或先安装后砌口的方法施工。

木门窗安装也宜采用预留洞口的方法施工。如果采用先安装后砌口的方法施工，则应注意避免门窗框在施工中受损、受挤压变形或受到污染。

（3）木门窗与砖石砌体、混凝土或抹灰层接触处应进行防腐处理，埋入砌体或混凝土中的木砖应进行防腐处理。

7.3.2 门窗框安装方式

门窗框的安装有先立口和后塞口两种方式。

（1）立口：也称立樘，在砌体墙施工时，先将门窗框立好，门窗框上设连接件，然后砌窗间墙，连接件砌在墙体中。这种安装方式的优点是门窗框和墙体结合紧密；缺点是门窗安装和墙体砌筑交叉施工，影响墙体施工的速度，因此这种安装方式现在已基本不使用了。

（2）塞口：也称塞樘，是在砌墙时先留出门窗洞口，主体完工后再将门窗框塞进洞口内安装固定。目前，门窗框安装基本采用塞口的安装方式。

按照干湿作业，金属门窗框的安装方式也可分成干法安装和湿法安装两种。

干法安装：墙体门窗洞口预先安置附加金属外框并对墙体缝隙进行填充、防水密封处理，在墙体洞口表面装饰湿作业完成后，将门窗固定在金属附框上的安装方法。

湿法安装：将铝合金门窗直接安装在未经表面装饰的墙体门窗洞口上，在墙体表面湿作业装饰时对门窗洞口间隙进行填充和防水密封处理。

7.3.3 木门窗安装

1.门窗框安装

木门窗宜采用塞口安装方式，也可采用立口。安装前，门窗框与砖石砌体、混凝土或抹灰层接触部位以及固定用木砖等均应进行防腐处理；并应校正方正，加钉必要拉条，避免变形（图7.22）。安装门窗框时，每边固定点不得少于两处，固定点间距不得大于1.2 m。门窗框在墙中的位置，有内平、外平和居中三种形式。当窗框与墙内平时窗框应凸出墙面，凸出的厚度应等于抹灰层或装饰面层的厚度，以便墙面粉刷后与抹灰面相平。框与抹灰面交接处设贴脸板，避免风透入室内，且增加美观性。

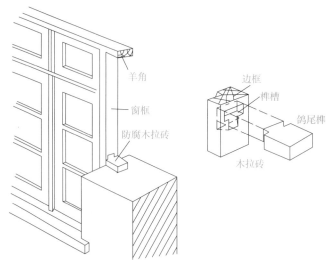

图 7.22 木门窗安装（立口）

2. 门扇安装

门扇常见的有镶板门（包括玻璃门、纱门）和夹板门等。

（1）镶板门。镶板门门扇由边梃、上冒头（上梃）、中冒头（中梃）、下冒头（下梃）及门芯板组成。门芯板可采用木板、硬质纤维板、胶合板和玻璃等。当门芯板用玻璃代替时，则为玻璃门；用纱或百叶代替时，则为纱门或百叶门［图 7.23（a）］。门芯板一般用 10 ～ 15 mm 厚的木板拼装成整块镶入边梃和冒头中，板缝应结合紧密。门芯板的拼接方式有四种［图 7.23（b）］，工程上常用高低缝和企口缝；门芯板的镶嵌方式如图 7.23（c）所示；玻璃与边框的镶嵌如图 7.23（d）所示。

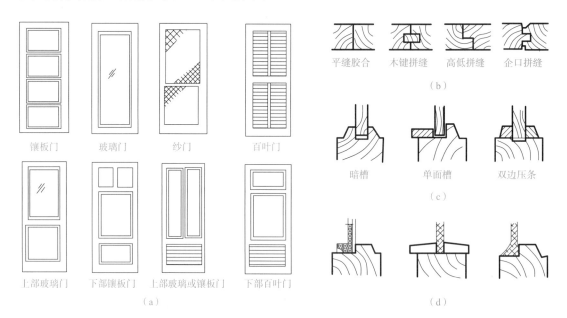

图 7.23 镶板门构造
（a）镶板门的形式；（b）门芯板的拼缝处理；（c）门芯板的镶嵌方式；（d）玻璃与边框的镶嵌

（2）夹板门。夹板门是用断面较小的木料做成骨架，两面粘贴面板而成。其中骨架一般用（32～35）mm×（34～36）mm的木料做边框，内部为格形纵横肋条（图7.24），肋距视木料尺寸而定，一般在300 mm左右。面板一般为胶合板、硬质纤维板或塑料板。为使骨架内的空气能上下对流，可在门扇的上部及骨架内设小通气孔。这种门用料少、自重轻、外形光洁、制造简单，常用于民用建筑的内门。

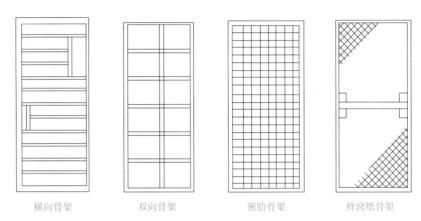

横向骨架　　　　双向骨架　　　　密肋骨架　　　　蜂窝纸骨架

图7.24　夹板门骨架形式

3. 五金件和玻璃安装要求

根据《住宅装饰装修工程施工规范》（GB 50327—2001），木门窗五金配件的安装应符合下列规定：

（1）合页（铰链）距门窗扇上下端宜取立梃高度的1/10，并应避开上、下梃（上、下冒头）。

（2）五金配件安装应用木螺钉固定。硬木应钻2/3深度的孔，孔径应略小于木螺钉直径。

（3）门锁不宜安装在冒头（中梃）与立梃的结合处。夹板门在安装门锁处，须在门扇局部附加实木框料，并应避开边梃与中梃结合处安装；门锁安装处也不应有边梃的指接接头。

（4）窗拉手距地面宜为1.5～1.6 m，门拉手距地面宜为0.9～1.05 m。

木门窗玻璃的安装应符合下列规定：

（1）玻璃安装前应检查框内尺寸，将裁口内的污垢清除干净。

（2）安装长边大于1.5 m或短边大于1 m的玻璃，应用橡胶垫并用压条和螺钉固定。

（3）安装木框、扇玻璃，可用钉子固定，钉距不得大于300 mm，且每边不少于两个；用木压条固定时，应先刷底油后安装，并不得将玻璃压得过紧。

（4）安装玻璃隔墙时，玻璃在上框面应留有适量缝隙，防止木框变形，损坏玻璃。

（5）使用密封膏时，接缝处的表面应清洁、干燥。

7.3.4　铝合金门窗安装

铝合金门窗因其质量轻、气密性和水密性好，隔声、隔热、耐腐蚀性能好，日常维护容易，且其色彩多样有良好的装饰效果，目前广泛应用于各类建筑中。铝合金门窗的类型较多，常用的有平开门窗、推拉门窗、折叠门窗、固定窗、悬窗等。各种构件都由相应的型材和配套零件及密封件加工而成。

铝合金窗按以门、窗框在洞口深度方向的厚度构造尺寸划分系列，如 55、60、70、80、125 等系列。门、窗用主型材基材壁厚公称尺寸应符合：外门不应小于 2.2 mm，内门不应小于 2.0 mm；外窗不应小于 1.8 mm，内窗不应小于 1.4 mm。

对于铝合金门窗的安装，《铝合金门窗工程技术规范》（JGJ 214—2010）规定：

（1）铝合金门窗工程不得采用边砌口边安装或先安装后砌口的施工方法。

（2）铝合金门窗安装宜采用干法施工方式。

（3）铝合金门窗的安装施工宜在室内侧或洞口内进行。

（4）门窗应启闭灵活、无卡滞。

铝合金门窗的安装有固定片连接和固定片与附框同时连接两种。

铝合金门窗采用干法安装：金属附框安装应在洞口及墙体抹灰湿作业前完成，铝合金门窗安装应在洞口及墙休抹灰湿作业后进行。金属附框宽度应大于 30 mm，金属附框的内、外两侧宜采用固定片与洞口墙体连接固定，固定片宜用 Q235 钢材，厚度不应小于 1.5 mm，宽度不应小于 20 mm，表面应做防腐处理。金属附框固定片安装位置应满足：角部的距离不应大于 150 mm，其余部位的固定片中心距不应大于 500 mm（图 7.25）；固定片与墙体固定点的中心位置至墙体边缘距离不应小于 50 mm（图 7.26）。相邻洞口金属附框平面内位置偏差应小于 10 mm，其内缘应与抹灰后的洞口装饰面齐平。

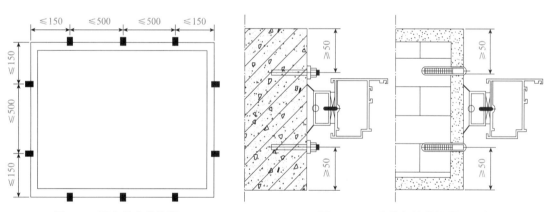

图 7.25　固定片安装位置　　　　图 7.26　固定片与墙体位置

铝合金门窗采用湿法安装时，铝合金门窗框安装应在洞口及墙体抹灰湿作业前完成。固定片与铝合金门窗框连接宜采用卡槽连接方式（图 7.27）。与无槽口铝门窗框连接时，可采用自攻螺钉或抽芯铆钉，钉头处应密封（图 7.28）。铝合金门窗安装固定时，其临时固定物不得导致门窗变形或损坏，不得使用坚硬物体。安装完成后，应及时移除临时固定物体。铝合金门窗框与洞口缝隙，应采用保温、防潮且无腐蚀性的软质材料填塞密实；亦可使用防水砂浆填塞，但不宜使用海砂成分的砂浆。使用聚氨酯泡沫填缝胶，施工前应清除黏接面的灰尘，墙体黏接面应进行淋水处理，固化后的聚氨酯泡沫胶缝表面应作密封处理；与水泥砂浆接触的铝合金框应进行防腐处理。湿法抹灰施工前，应对外露铝型材表面进行可靠保护。

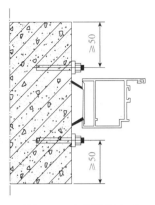
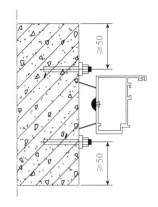

图 7.27　卡槽连接方式　　　　　　图 7.28　自攻螺钉连接方式

　　砌体墙不得使用射钉直接固定门窗。铝合金门窗安装就位后，边框与墙体之间应做好密封防水处理，应采用黏接性能良好并相容的耐候密封胶。打胶前应清洁黏接表面，去除灰尘、油污，黏接面应保持干燥，墙体部位应平整洁净。胶缝采用矩形截面胶缝时，密封胶有效厚度应大于 6 mm，采用三角形截面胶缝时，密封胶截面宽度应大于 8 mm。注胶应平整密实，胶缝宽度均匀、表面光滑、整洁美观。

7.3.5　塑料门窗安装

　　塑料门窗应采用固定片法安装。对于旧窗改造或构造尺寸较小的窗型，可采用直接固定法进行安装，窗下框应采用固定片法安装。

　　固定片固定方法：混凝土墙洞口应采用射钉或膨胀螺钉固定；砖墙洞口或空心砖洞口应用膨胀螺钉固定，并不得固定在砖缝处；轻质砌块或加气混凝土洞口可在预埋混凝土块上用射钉或膨胀螺钉固定；设有预埋铁件的洞口应采用焊接的方法固定，也可先在预埋件上按紧固件规格打基孔，然后用紧固件固定；窗下框与墙体的固定可按照图 7.29进行。

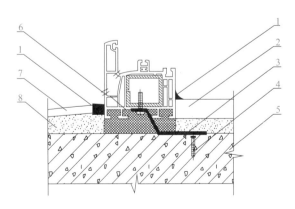

图 7.29　窗下框与墙体固定节点图

1—密封胶；2—内窗台板；3—固定片；4—膨胀螺钉；5—墙体；6—防水砂浆；7—装饰面；8—抹灰层

　　塑料门窗有附框，先安装附框，宜采用固定片法与墙体连接牢固。附框或门窗与墙体固定时，应先固定上框，后固定边框。固定片形状应预先弯曲至贴近洞口固定面，不得直接锤打固定片使其弯曲。

固定片法安装（图 7.30）：当门窗框与墙体间采用固定片固定时，应使用单向固定片，固定片应双向交叉安装。与外保温墙体固定的边框固定片宜朝向室内。固定片与窗框连接应采用十字槽盘头自钻自攻螺钉直接钻入固定，不得直接锤击钉入或仅靠卡紧方式固定。

直接固定法安装（图 7.31）：当门窗框与墙体间采用膨胀螺钉直接固定时，应按膨胀螺钉规格先在窗框上打好基孔，安装膨胀螺钉时应在伸缩缝中膨胀螺钉位置两边加支撑块。膨胀螺钉端头应加盖工艺孔帽，并应用密封胶进行密封。

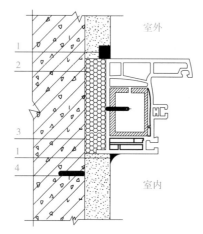

图 7.30　固定片法安装节点图
1—密封胶；2—聚氨酯发泡胶；3—固定片；4—膨胀螺钉

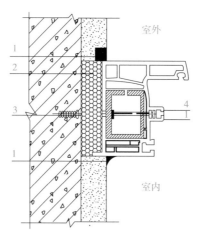

图 7.31　直接固定法安装节点图
1—密封胶；2—聚氨酯发泡胶；3—膨胀螺钉；4—工艺孔帽

固定片或膨胀螺钉的位置应距门窗端角、中竖梃、中横梃 150 ～ 200 mm，固定片或膨胀螺钉之间的间距应符合设计要求，并不得大于 600 mm。不得将固定片直接装在中横梃、中竖梃的端头上。平开门安装铰链的相应位置宜安装固定片或采用直接固定法固定。

附框安装后应用水泥砂浆将洞口抹至与附框内表面平齐。附框与门、窗框间应预留伸缩缝，连接应采用直接固定法，但不得直接在窗框排水槽内进行钻孔。

安装门窗时，如果玻璃已装在门窗上，宜卸下玻璃（或门、窗扇），并作标记。当门窗框装入洞口时，其上下框中线应与洞口中线对齐；门窗的上下框四角及中横梃的对称位置应用木楔或垫块塞紧作临时固定；当下框长度大于 0.9 m 时，其中央也应用木楔或垫块塞紧，临时固定；然后应按设计图纸确定门窗框在洞口墙体厚度方向的安装位置。

门、窗洞口内外侧与门、窗框之间缝隙内应采用聚氨酯发泡胶填充，发泡胶填充应均匀、密实。发泡胶成型后不宜切割。聚氨酯发泡胶固化后，普通门窗工程洞口内外侧与窗框之间均应采用普通水泥砂浆填实抹平；装修质量要求较高的门窗工程，室内侧窗框与抹灰层之间宜采用与门窗材料一致的塑料盖板掩盖接缝。当外侧抹灰时，应做出披水坡度，并应采用片材将抹灰层与窗框临时隔开，留槽宽度及深度宜为 5～8 mm。抹灰面应超出窗框（图 7.29），但厚度不应影响窗扇的开启，并不得盖住排水孔。待外侧抹灰层硬化后，应撤去片材，然后将密封胶挤入沟槽内填实抹平。密封胶抹平后，应立即揭去两侧的遮蔽条。内侧抹灰应略高于外侧，且内侧与窗框之间也应采用密封胶密封。

玻璃的安装：单片镀膜玻璃的镀膜层及磨砂玻璃的磨砂层应朝向室内；镀膜中空玻璃的镀膜层应朝向中空气体层。安装好的玻璃不得直接接触型材，应在玻璃四边垫上不同作用的垫块，中空玻璃的垫块宽度应与中空玻璃的厚度相匹配。当安装玻璃密封条时，密封条应比压条略长，密封条与玻璃及玻璃槽口的接触应平整，不得卷边、脱槽，密封条断口接缝应黏接。玻璃装入框、扇后，应用玻璃压条将其固定，玻璃压条必须与玻璃全部贴紧，压条与型材的接缝处应无明显缝隙，压条角部对接缝隙应小于 1 mm，不得在一边使用 2 根（含 2 根）以上的压条，且压条应在室内侧。

7.3.6 门窗保温与节能的主要构造措施

建筑外门窗是建筑保温的薄弱环节，我国寒冷地区住宅通过门窗的传热和冷风渗透引起的热损失，占房屋能耗的 45%～48%，因此门窗节能是建筑节能的重点。门窗热损失有两个途径，一是门窗面由于热传导、辐射以及对流造成热损失，二是冷风通过门窗各种渗透所造成的，所以门窗节能应从以上两个方面采取构造措施。

（1）增强门窗的保温。寒冷地区外窗可以通过增加窗扇层数和玻璃层数来提高保温性能，还可以采用特种玻璃，如中空玻璃、吸热玻璃、反射玻璃等达到节能要求。

（2）减少缝的长度。门窗缝隙是冷风渗透的根源，因此为减少冷风渗透，可采用大窗扇，扩大单块玻璃面积以减少门窗缝隙；合理减少可开窗扇的面积，在满足夏季通风的条件下，扩大固定窗扇的面积。

（3）采用密封和密闭措施。框和墙间的缝隙密封可用弹性软型材料、聚乙烯泡沫、密封膏以及边框设灰口等。框与扇间的密闭可用橡胶条、橡塑条、泡沫密闭条以及高低缝等。扇与扇之间的密闭可用密闭条、高低缝及缝外压条等。窗扇与玻璃之间的密封可用密封膏、各种弹性压条等。

（4）减少窗口面积。在满足室内采光和通风的前提下，我国寒冷地区的外窗尽量缩小窗口面积，以达到节能要求。

7.4 遮阳设施

节能和环保已成为当前人类改善生存环境和社会寻求良性发展的主题，环保和节能越来越受到人们的重视。在进行建筑设计时，一定要使建筑物的主要房间具有良好的朝向，以便组织通风和获得良好的日照等。在炎热的夏季，应尽量避免阳光直射到室内而使室内温度过高并产生眩光；在寒冷的冬季，应尽量减少室内热量损失，以保证必需的舒适温度。要想保持室内环境不影响人们正常工作、学习和生活，不采取必要措施，势必以消耗大量能源为代价。因此，我国大力提倡建筑设计要考虑设置遮阳和节能门窗等（图7.32），以节省能源和资源，促进国民经济持续发展。

图7.32　建筑遮阳构造

7.4.1　遮阳的种类及对应朝向

《建筑遮阳工程技术规范》（JGJ 237—2011）规定：建筑物的东向、西向和南向外窗或透明幕墙、屋顶天窗或采光顶，应采取遮阳措施。

遮阳措施包括绿化遮阳和设置遮阳设施两种。绿化遮阳是通过在房屋附近种植树木或攀缘植物来遮阳，一般用于低层建筑。大多数建筑可通过设置遮阳设施来遮阳（图7.33）。对于标准较低或临时性建筑，可用油毡、波形瓦、纺织物等做成活动性遮阳；对于标准较高的建筑，从其构造出发可设置永久性遮阳。永久性遮阳不仅能起到遮阳、隔热作用，而且还可以挡雨、丰富美化建筑立面。

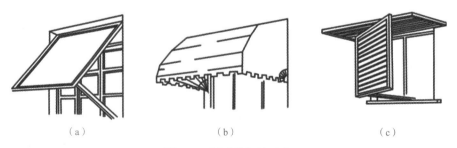

（a）　　　　　　　　　　　（b）　　　　　　　　　　　（c）

图7.33　活动遮阳的形式
（a）苇席遮阳；（b）篷布遮阳；（c）木百叶遮阳

用于建筑的外遮阳有四种基本类型，即水平式、垂直式、综合式（水平和垂直的组合）和挡板式，一般根据不同气候和地域特点，采取适宜的遮阳措施。

1. 水平遮阳

水平遮阳主要遮挡太阳高度角较大时从窗口上方照射下来的阳光。在窗口上方设置一定宽度的水平方向的遮阳板［图7.34（a）］，可为实心板、格栅板或百叶板，较高大的窗口可在不同高度设置双层或多层水平遮阳板，能遮挡高度角较大时从窗口上方照射下来的阳光。其主要适用于南向及其附近朝向的窗口或北回归线以南低纬度地区北向及其附近的窗口。

2. 垂直遮阳

垂直遮阳主要遮挡太阳高度角较小时从窗口侧面射来的阳光。在窗口两侧设置的垂直方向的遮阳板［图7.34（b）］，可垂直于墙面，也可与墙面形成一定的垂直夹角。可以遮挡高度角较小和从窗口两侧斜射过来的阳光。其主要适用于南偏东、南偏西及其附近朝向的窗洞口。

3. 综合遮阳

综合遮阳是水平遮阳和垂直遮阳的综合［图7.34（c）］，能遮挡从窗口两侧及前上方射来的阳光。其遮阳效果比较均匀，主要适用于南、东南、西南及其附近朝向的窗洞口。

4. 挡板遮阳

挡板遮阳主要遮挡太阳高度角较小时从窗口正面射来的阳光［图7.34（d）］。其主要适用于东、西及其附近朝向的窗洞口。其是在窗口前方离开窗口一定距离与窗口平行方向的垂直挡板。

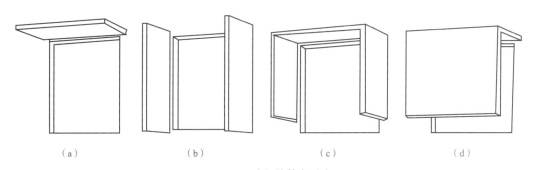

（a）　　　　　　　（b）　　　　　　　（c）　　　　　　　（d）

图7.34　遮阳的基本形式
（a）水平式；（b）垂直式；（c）综合式；（d）挡板式

为有利于通风，避免遮挡视线，经常将基本遮阳类型上的挡板做成格栅式或百叶式，如百叶片、穿孔板、花格板、半透明或吸热的玻璃板等。百叶挡板式遮阳板根据方向分为横百叶挡板式（图7.35）和竖百叶挡板式（图7.36），可在窗口外做成活动百叶外遮阳。

在实际工程中，遮阳可由基本形式演变出造型丰富的其他形式。如为避免单层水平式遮阳板的出挑尺寸过大，可将水平式遮阳板重复设置成双层或多层［图7.37（a）］；当窗间墙较窄时，将综合式遮阳板连续设置［图7.37（b）、（c）］；挡板式遮阳板结合建筑立面处理，或连续或间断［图7.37（d）］。

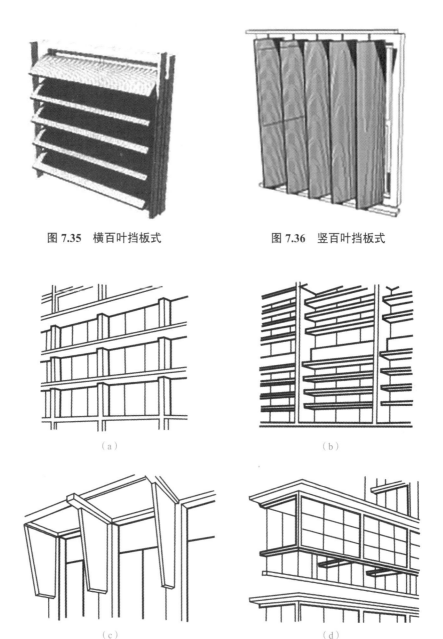

图 7.35　横百叶挡板式　　　　　　图 7.36　竖百叶挡板式

（a）　　　　　　　　　　　　　　（b）

（c）　　　　　　　　　　　　　　（d）

图 7.37　遮阳板的建筑立面效果图

7.4.2　遮阳板的构造处理

　　遮阳板经常采用铝合金板、铝塑复合板、空心 PC 板、实心 PC 板、压型彩板和玻璃板等材料。水平遮阳板由于阳光照射后将产生大量辐射热会影响到室内温度，为此可将水平遮阳板设在距离窗口上方 200 mm 处，这样可以减少遮阳板上的热空气被风吹入室内。为减轻水平遮阳板的质量和使热量能随气流上升散发，可将水平遮阳板做成空格式百叶板。实心水平遮阳板与墙面交接处应注意进行防水处理，以免雨水渗入墙内。当设置多层悬挑式水平遮阳板时，应留出窗扇开启时所占用空间，避免影响窗户的开启使用。预制或现浇的钢筋混凝土板一般采用与房屋圈梁、框架梁整浇或预制板焊接的方法安装。铝合金板、压型彩板和玻璃钢遮阳板用螺栓固定在窗洞口上方。

遮阳板铁件须刷两道防锈漆，支架可采用不锈钢管。遮阳板采用的混凝土强度等级不应小于C25。

🔘 知识链接

随着节能技术的创新发展，建筑光伏遮阳技术日趋成熟。光伏遮阳板由光伏组件、叶片、支架、驱动装置、接线盒、温度保护装置等组成，利用光伏电池组件作为建筑外遮阳构件，兼备遮阳和发电功能。2021年9月，国家能源局正式下发《国家能源局综合司关于公布整县（市、区）屋顶分布式光伏开发试点名单的通知》，结合实施"千家万户沐光行动"，组织开展整县（市）推进户用和屋顶分布式光伏开发试点工作。光伏遮阳板是典型的光伏建筑应用形式，也是绿色建筑和建筑节能技术的发展趋势。

光伏遮阳板.PPT

正如党的二十大报告提出：绿色、循环、低碳发展迈出坚实步伐，生态环境保护发生历史性、转折性、全局性变化，我们的祖国天更蓝、山更绿、水更清。

🔖 复习页

一、填空题

1. 最常见的木门开启方式为_____。

2. 铝、塑窗框与墙体的连接，可采用在墙体内预埋钢板连接或采用_____连接等。

3. 窗按照其开启方式主要可分为_____、_____、_____、_____四类。

4. 窗框与窗洞口的固定方式主要有两种，即_____法和_____法。

二、选择题

1. 铝合金门窗中的90系列是指（　　）。

　A. 20世纪90年代标准　　　　　　　　B. 框宽（厚）90 mm

　C. 洞口尺寸900 mm　　　　　　　　　D. 型材薄壁厚9 mm

2. 在居住建筑中，室内卧室门的宽度一般为（　　）mm。

　A. 700　　　　　　B. 800　　　　　　C. 900　　　　　　D. 1 000

3. 在居住建筑中，使用最广泛的木门是（　　）。

　A. 推拉门　　　　B. 弹簧门　　　　C. 转门　　　　　D. 平开门

三、判断题

1. 窗的有效采光面积如一般窗洞为100%，则钢窗为74%～77%，木窗为56%～

64%。（   ）

2. 从构造上讲，一般平开窗的窗扇宽度为 400～600 mm，高度为 800～1 500 mm，腰头上的气窗高度为 300～600 mm。固定窗和推拉窗尺寸可以小些。（   ）

四、看图填空题

1. 根据门的构造组成，识读图 7.38 所示门的外观示意图，并在表 7.4 中填写序号对应的构造名称。

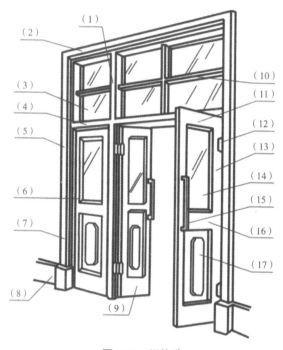

图 7.38 门构造

表 7.4 识读门构造

（1）	（2）
（3）	（4）
（5）	（6）
（7）	（8）
（9）	（10）
（11）	（12）
（13）	（14）
（15）	（16）
（17）	

2.根据图 7.39 所示窗的构造组成，识读窗的外观示意图，并在表 7.5 中填写序号对应的构造名称。

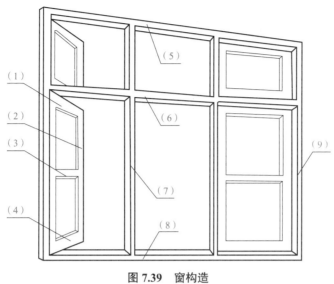

图 7.39　窗构造

表 7.5　识读窗构造

(1)		(2)	
(3)		(4)	
(5)		(6)	
(7)		(8)	
(9)			

模块 8 变形缝

引导页

学习目标

知识目标	1. 掌握伸缩缝的设置要求和构造做法。 2. 掌握沉降缝的设置要求和构造做法。 3. 掌握防震缝的设置要求和构造做法。
技能目标	1. 能够分清各种类型的变形缝，及其各自的构造要点。 2. 能够合理布置变形缝。 3. 能够识读变形缝构造相关图集。
素质目标	1. 培养质量观念、安全观念。 2. 培养标准化、规范化意识。

学习要点

变形缝是指建筑物由于气温变化、地基不均匀沉降、地震等外界因素作用下产生的变形而预留的构造缝，是伸缩缝、沉降缝和防震缝的总称。

伸缩缝也称温度缝，在较长的建筑物中为防止温度变化造成破坏而设置。伸缩缝将建筑物的墙体、楼板层、屋顶等地面以上的构件全部断开，基础不必断开。伸缩缝的设置根据相关规范要求的各类结构房屋最大设缝间距确定。

沉降缝是为预防建筑物不均匀沉降而设置的变形缝，要求将建筑物从基础到屋顶的构件全部断开。

防震缝是为防止建筑物各部分在地震时相互拉伸、挤压或扭转，从而引起建筑物的破坏而设置的变形缝，应沿建筑物全高设置。

《民用建筑通用规范》（GB 55031—2022）。

《民用建筑设计统一标准》（GB 50352—2019）。

《高层建筑混凝土结构技术规程》（JGJ 3—2010）。

《混凝土结构设计规范（2015年版）》（GB 50010—2010）。

《建筑地基基础设计规范》（GB 50007—2011）。

《建筑抗震设计规范（2016年版）》（GB 50011—2010）。

《变形缝建筑构造》（14J936）。

《住宅建筑构造》（11J930）。

《建筑变形缝装置》（JG/T 372—2012）。

工作页

图 8.1 所示为某单位办公楼，现浇钢筋混凝土框架结构，左半部分办公区 4 层，右半部分会议、展示区 6 层，层高均为 3.6 m，地基均匀，采用独立基础，结合图纸和本模块学习内容为该建筑设计变形缝。

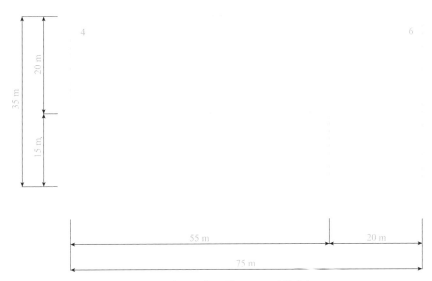

图 8.1　某单位办公楼平面图（轮廓）

设计内容：

1. 确定变形缝类型。

2. 确定变形缝位置。

3. 设计变形缝宽度。

4. 设计变形缝构造详图。

实施过程：

1.根据本模块8.1的学习内容设计该办公楼变形缝的类型、位置、数量和宽度，填写设计清单（表8.1）。

2.根据设计清单绘制办公楼变形缝平面布置图，在图纸上标注变形缝的位置（尺寸）和宽度，注写相关索引符号。

3.根据本模块8.2的学习内容，结合变形缝相关标准图集，绘制变形缝构造详图，包括楼面、顶棚、内墙、外墙、屋面（根据设计结果确定）等。

设计要求：

1.变形缝设计依据相关建筑标准规范，选型、位置合理，数量、宽度符合规范规定，满足建筑"安全、经济、合理"的要求。

2.按照建筑制图标准，选取合适的比例，标准绘图。图幅宜选用A2或A3，图纸布局美观，图线干净、整洁、清晰，字迹工整、规范。

参考资料：

《房屋建筑制图统一标准》（GB/T 50001—2017）。

《建筑制图标准》（GB/T 50104—2010）。

《建筑地基基础设计规范》（GB 50007—2011）。

《建筑抗震设计规范（2016年版）》（GB 50011—2010）。

《变形缝建筑构造》（14J936）。

表8.1　变形缝设计清单

项目	类型	位置	缝宽/mm	断开建筑构件	设缝原因
变形缝	伸缩缝				
	沉降缝				
	防震缝				
变形缝合并结果					

　　建筑物由于受温度变化、地基不均匀沉降和地震等作用的影响，其结构内部将产生附加应力和变形，造成建筑物开裂和变形，甚至引起结构破坏，影响建筑物的安全使用。为避免这种情况的发生，可以采取如下措施：一是加强建筑物的整体性，使其具有足够的强度和刚度，以抵抗破坏应力和变形；二是事先在建筑物变形敏感的部位，将建筑构件垂直断开，以保证建筑物各部分自由变形，形成互不影响的刚度单元。这种单元之间设置的缝隙称为变形缝（图 8.2）。

图 8.2　变形缝

变形缝 .PPT

　　变形缝包括伸缩缝、沉降缝和防震缝。根据《民用建筑通用规范》（GB 55031—2022）和《民用建筑设计统一标准》（GB 50352—2019）规定，变形缝设置应符合以下要求：

　　（1）变形缝应按设缝的性质和条件设计，使其在产生位移或变形时不受阻，且不破坏建筑物。

　　（2）根据建筑使用要求，变形缝应分别采取防水、防火、保温、隔声、防老化、防腐蚀、防虫害和防脱落等构造措施。

　　（3）变形缝不应穿过厕所、卫生间、盥洗室和浴室等用水的房间，也不应穿过配电间等严禁有漏水的房间。

　　（4）门的开启不应跨越变形缝。

8.1　变形缝的设置

8.1.1　伸缩缝

为预防建筑物因受到温度变化的影响而产生附加应力和变形，从而导致建筑物开裂

（在较长较宽的建筑物中表现明显），通常沿建筑物长度方向每隔一定距离或在结构变化较大处预留一定宽度的缝隙，称为伸缩缝，也称温度缝。

伸缩缝要求将建筑物的墙体、楼板层、屋顶等地面以上的构件全部断开，基础部分因受温度变化影响较小，不必断开。伸缩缝的宽度一般为 20 ～ 40 mm，通常采用 30 mm。

1. 伸缩缝的最大间距

伸缩缝的间距与结构类型、所用材料、施工方法及当地温度变化情况有关。表 8.2 为钢筋混凝土结构房屋伸缩缝的最大间距。表 8.3 为砌体房屋伸缩缝的最大间距。

表 8.2　钢筋混凝土结构房屋伸缩缝的最大间距

结构类型		室内或土中 /m	露天 /m
排架结构	装配式	100	70
框架结构（框架 – 剪力墙结构）	装配式	75	50
	现浇式	55	35
剪力墙结构	装配式	65	40
	现浇式	45	30
挡土墙、地下室墙壁等结构	装配式	40	30
	现浇式	30	20

注：1. 装配整体式结构的伸缩缝间距，可根据结构的具体情况取表中装配式结构与现浇式结构之间的数值；

　　2. 框架 – 剪力墙结构或框架 – 核心筒结构房屋的伸缩缝间距，可根据结构的具体情况取表中框架结构与剪力墙结构之间的数值；

　　3. 当屋面无保温或隔热措施时，框架结构、剪力墙结构的伸缩缝间距宜按表中露天栏的数值取用；

　　4. 现浇挑檐、雨罩等外露结构的局部伸缩缝间距不宜大于 12 m。

表 8.3　砌体房屋伸缩缝的最大间距

屋顶或楼层结构类别		间距 /m
整体式或装配整体式钢筋混凝土结构	有保温层或隔热层的屋盖、楼盖	50
	无保温层或隔热层的屋盖	40
装配式无檩体系钢筋混凝土结构	有保温层或隔热层的屋盖、楼盖	60
	无保温层或隔热层的屋盖	50

屋顶或楼层结构类别		间距 /m
装配式有檩体系 钢筋混凝土结构	有保温层或隔热层的屋盖	75
	无保温层或隔热层的屋盖	60
瓦材屋盖、木屋盖或楼盖、轻钢屋盖		100

注：1. 对烧结普通砖、烧结多孔砖、配筋砌块砌体房屋，取表中数值；对石砌体、蒸压灰砂普通砖、蒸压粉煤灰普通砖、混凝土砌块、混凝土普通砖和混凝土多孔砖房屋，取表中数值乘以 0.8 的系数，当墙体有可靠外保温措施时，其间距可取表中数值；

2. 在钢筋混凝土屋面上挂瓦的屋盖应按钢筋混凝土屋盖采用；

3. 层高大于 5 m 的烧结普通砖、烧结多孔砖、配筋砌块砌体结构单层房屋，其伸缩缝间距可按表中数值乘以 1.3；

4. 温差较大且变化频繁地区和严寒地区不采暖的房屋及构筑物墙体的伸缩缝的最大间距，应按表中数值予以适当减小；

5. 墙体的伸缩缝应与结构的其他变形缝相重合，缝宽度应满足各种变形缝的变形要求；在进行立面处理时，必须保证缝隙的变形作用。

高层建筑结构伸缩缝的最大间距宜符合表 8.4 的规定。

表 8.4　高层建筑结构伸缩缝的最大间距

结构体系	施工方法	最大间距 /m
框架结构	现浇	55
剪力墙结构	现浇	45

注：1. 框架 - 剪力墙的伸缩缝间距可根据结构的具体布置情况取表中框架结构与剪力墙结构之间的数值；

2. 当屋面无保温或隔热措施、混凝土的收缩较大或室内结构因施工外露时间较长时，伸缩缝间距应适当减小；

3. 位于气候干燥地区、夏季炎热且暴雨频繁地区的结构，伸缩缝的间距宜适当减小。

2. 放宽伸缩缝间距的措施

当采用有效的构造措施和施工措施减小温度和混凝土收缩对结构的影响时，可适当放宽伸缩缝的间距。这些措施包括但不限于下列方面：

（1）顶层、底层、山墙和纵墙端开间等受温度变化影响较大的部位提高配筋率。

（2）顶层加强保温隔热措施，外墙设置外保温层。

（3）每 30 ～ 40 m 间距留出施工后浇带，带宽 800 ～ 1 000 mm，钢筋采用搭接接头，后浇带混凝土宜在 45 d 后浇筑。

（4）采用收缩小的水泥，减少水泥用量，在混凝土中加入适宜的外加剂。

（5）提高每层楼板的构造配筋率或采用部分预应力结构。

8.1.2 沉降缝

为预防建筑物各部分由于地基承载力不同或各部分荷载差异较大等原因引起建筑物不均匀沉降，从而导致破坏而设置的变形缝，称为沉降缝。

沉降缝要求将建筑物从基础到屋顶的构件全部断开，成为两个独立的单元，各单元能竖向自由沉降，互不影响。沉降缝可兼起伸缩缝的作用，而伸缩缝却不能代替沉降缝。

根据《建筑地基基础设计规范》（GB 50007—2011），建筑物下列部位宜设置沉降缝：

（1）建筑平面的转折部位；

（2）高度差异或荷载差异处；

（3）长高比过大的砌体承重结构或钢筋混凝土框架结构的适当部位；

（4）地基土的压缩性有显著差异处；

（5）建筑结构或基础类型不同处；

（6）分期建造房屋的交界处。

沉降缝的宽度和建筑物的高度有关，建筑高度越大，沉降缝宽度应越大；反之，宽度则较小。沉降缝的宽度见表 8.5。

表 8.5　房屋沉降缝的宽度

房屋层数	沉降缝宽度 /mm
2～3 层	50～80
4～5 层	80～120
5 层以上	≥ 120

8.1.3 防震缝

为防止建筑物各部分在地震时相互拉伸、挤压或扭转，从而引起建筑物的破坏而设置的变形缝，称为防震缝。

1. 防震缝的设置原则

多层砌体房屋有下列情况之一时，宜设置防震缝：

（1）房屋立面高差在 6 m 以上；

（2）房屋有错层，且楼板高差大于层高的 1/4；

（3）各部分结构刚度、质量截然不同。

钢筋混凝土框架、框架 – 抗震墙结构与排架组成的框排架结构，有下列情况之一时，应设防震缝：

（1）房屋贴建于框排架结构；

（2）结构的平面布置不规则；

（3）质量和刚度沿纵向分布有突变。

2. 防震缝的最小宽度

根据《建筑抗震设计规范（2016 年版）》（GB 50011—2010）规定：

（1）多层砌体房屋。防震缝两侧均应设置墙体，缝宽应根据烈度和房屋高度确定，可采用 70 ～ 100 mm。

（2）多层和高层钢筋混凝土房屋。

①框架结构（包括设置少量抗震墙的框架结构）房屋的防震缝宽度，当高度不超过 15 m 时不应小于 100 mm；高度超过 15 m 时，6 度、7 度、8 度和 9 度分别每增加高度 5 m、4 m、3 m 和 2 m，宜加宽 20 mm。

②框架 – 剪力墙结构房屋的防震缝宽度不应小于①规定数值的 70%，剪力墙结构房屋的防震缝宽度不应小于①规定数值的 50%；且均不宜小于 100 mm。

③防震缝两侧结构类型不同时，宜按需要较宽防震缝的结构类型和较低房屋高度确定缝宽。

8 度、9 度框架结构房屋防震缝两侧结构层高相差较大时，防震缝两侧框架柱的箍筋应沿房屋全高加密，并可根据需要在缝两侧沿房屋全高各设置不少于两道垂直于防震缝的抗撞墙。抗撞墙的布置宜避免加大扭转效应，其长度可不大于 1/2 层高，抗震等级可同框架结构；框架构件的内力应按设置和不设置抗撞墙两种计算模型的不利情况取值。

8.2　变形缝的构造

8.2.1　变形缝装置

为避免外界对室内的影响和室内使用要求及考虑建筑立面处理的要求，变形缝应采用变形缝装置进行嵌缝和盖缝处理。变形缝装置是在变形缝处设置的既能满足建筑结构使用功能，又能起到装饰作用的各种装置的总称。变形缝装置可分为伸缩缝装置、沉降缝装置、防震缝装置。一般采用由专业厂家制造并指导安装。该装置主要由基座、金属或橡胶盖板、滑杆、止水带、阻火带等部件组成（图 8.3）。基座是固定在建筑变形缝结构

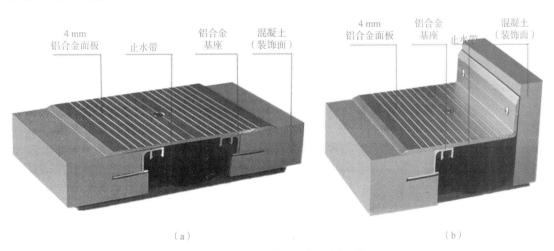

（a）　　　　　　　　　　　　　　　（b）

图 8.3　变形缝装置组成（盖板型）
（a）平缝；（b）转角缝

两侧并与盖板连接的框架，常采用铝合金型材。滑杆是连接变形缝装置盖板与基座的构件。盖板一般由金属和橡胶材料组成，分为盖板型（图8.3）、卡锁型（图8.4）、嵌平型（图8.5）、承重型（图8.6）和防震型（图8.7）等。

图8.4　卡锁型

图8.5　嵌平型

图8.6　承重型

图8.7　防震型

8.2.2 墙身变形缝构造

根据墙体厚度、材料及施工条件不同，墙体伸缩缝可做成平缝、错口缝、企口缝等形式（图 8.8）。墙体防震缝是为预防水平地震波对建筑物的破坏作用而设置的，缝宽比较宽，不应做成错口缝或企口缝。

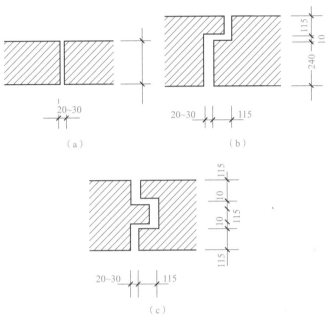

图 8.8 墙体伸缩缝的截面形式
（a）平缝；（b）错口缝；（c）企口缝

墙体变形缝处应做好防水和保温构造处理。外墙变形缝处应填充泡沫塑料，填塞深度应大于缝宽的 3 倍。应采用金属盖缝板，宜采用铝板或不锈钢板，对变形缝进行封盖。变形缝部位应增设合成高分子防水卷材附加层，卷材两端应满粘于墙体，满粘的宽度不应小于 150 mm。图 8.9 所示为内墙和顶棚变形缝构造，图 8.10 所示为外墙变形缝构造。图中 W 为变形缝缝宽，ES 为变形缝面板总宽，d 为建筑构造及装修层总厚度。

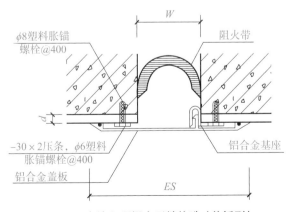

图 8.9 内墙和顶棚变形缝构造（盖板型）

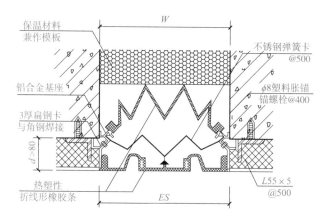

图 8.10　外墙（保温）变形缝构造（嵌平型）

8.2.3　楼面变形缝构造

楼地面伸缩缝的处理应满足缝隙处理后地面平整、光洁、防滑等要求。其位置和缝宽与墙体、屋顶伸缩缝一致。缝内用止水带做封缝处理，以防楼面有水渗漏。楼面变形缝构造如图 8.11 所示，楼面与墙面交接处变形缝构造如图 8.12 所示。

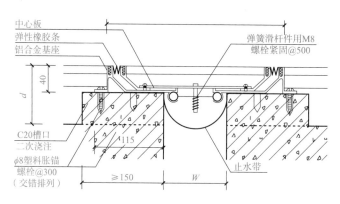

图 8.11　楼面变形缝构造（防震型）

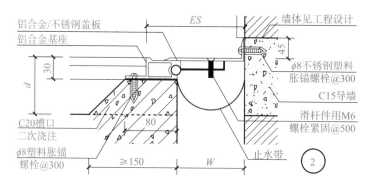

图 8.12　楼面与墙面交接处变形缝构造（承重型）

8.2.4 屋面变形缝构造

屋面变形缝的处理应满足屋面防水构造和使用功能要求。其位置和缝宽与墙体、楼地面的伸缩缝一致。一般屋面可在变形缝两侧加砌矮墙，并做好泛水处理，泛水高度不应小于 250 mm（图 8.13）。屋面与出屋面墙体处有变形缝时，宜做成高低缝构造（图 8.14）。

金属盖板屋面
变形缝 .MP4

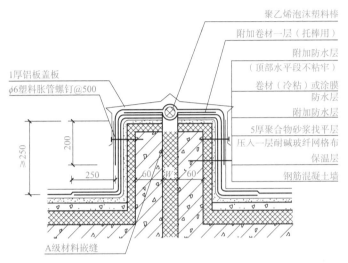

图 8.13 平屋面（正置）变形缝构造

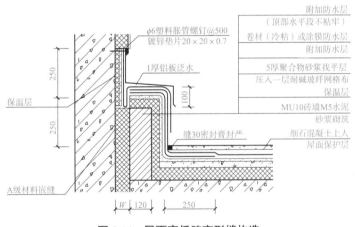

图 8.14 屋面高低跨变形缝构造

8.2.5 基础沉降缝构造

基础部分沉降缝应沿基础断开，沉降缝应另外处理，常见的方式有悬挑式和双墙式。

1. 悬挑式

为使沉降缝两侧结构单元能各自独立沉降，互不影响，可在缝的一侧做成挑梁基础。若在沉降缝的两侧设置双墙，则在挑梁端部增设横梁，在横梁上砌墙（图 8.15）。此方案适用于两侧基础埋深相差较大或新建建筑与原有建筑相毗连的情况。

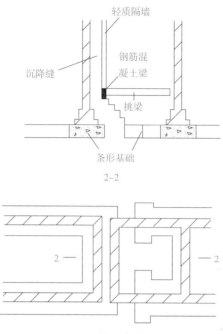

图 8.15 悬挑基础方案的沉降缝

2. 双墙式基础

在沉降缝两侧均设承重墙，墙下为各自独立的基础，保证每个结构单元有封闭连续的基础和纵横墙（图 8.16）。这种结构整体性好、刚度大，但基础偏心受力，在沉降时会相互影响。此基础处于偏心受压状态，地基受力不均匀，有可能向中间倾斜，只适用于低层、耐久年限短且地质条件较好的情况。如采用双墙基础交叉式基础方案，沉降缝两侧墙下均设置基础梁，基础放脚分别伸入另外一侧基础梁下，这种做法位地基偏心将会大大改善，但施工难度大、工程造价较高。

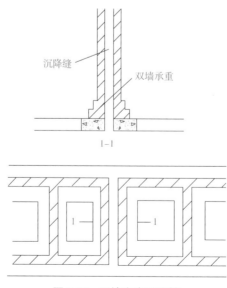

图 8.16 双墙方案沉降缝

复习页

一、填空题

变形缝包括_____、_____、_____。

二、选择题

1.同时新建房屋的相邻基础宜埋置在同一深度上,并设置( )。

    A.伸缩缝   B.沉降缝   C.分格缝   D.防震缝

2.当建筑物长度较大时,为防止温度效应,应设置( )。

    A.分格缝   B.防震缝   C.沉降缝   D.伸缩缝

3.在下列( )情况下,建筑物可不设置防震缝。

    A.高差大于两层   B.结构刚度差异较大

    C.建筑物长度较大   D.有错层

三、判断题

1.变形缝都是从地下基础、地面墙体直至屋顶全部断开的构造缝。( )

2.沉降缝是从地下基础、地面墙体直至屋顶全部断开的构造缝,而伸缩缝、防震缝只在地面上设置。( )

四、看图填空题

在表8.6中填写各图对应的变形缝装置类型。

表8.6 识读变形缝装置

变形缝装置	类型
	(1)_____
	(2)_____

变形缝装置	类型
	（3） _____

参 考 文 献

[1]　中华人民共和国住房和城乡建设部. GB 50352—2019 民用建筑设计统一标准 [S]. 北京：中国建筑工业出版社，2019.

[2]　中华人民共和国住房和城乡建设部. GB 55031—2022 民用建筑通用规范 [S]. 北京：中国建筑工业出版社，2023.

[3]　中华人民共和国住房和城乡建设部. GB 50016—2014 建筑设计防火规范（2018 版）[S]. 北京：中国计划出版社，2018.

[4]　中华人民共和国住房和城乡建设部. GB 55037—2022 建筑防火通用规范 [S]. 北京：中国计划出版社，2023.

[5]　中华人民共和国住房和城乡建设部. GB/T 50001—2017 房屋建筑制图统一标准 [S]. 北京：中国建筑工业出版社，2018.

[6]　中华人民共和国住房和城乡建设部，中华人民共和国国家市场监督管理总局. GB/T 50104—2010 建筑制图标准 [S]. 北京：中国建筑工业出版社，2011.

[7]　中华人民共和国住房和城乡建设部. GB/T50002—2013 建筑模数协调标准 [S]. 北京：中国建筑工业出版社，2014.

[8]　中华人民共和国住房和城乡建设部. GB 50068—2018 建筑结构可靠性设计统一标准 [S]. 北京：中国建筑工业出版社，2019.

[9]　中华人民共和国住房和城乡建设部. GB/T 50941—2014 建筑地基基础术语标准 [S]. 北京：中国建筑工业出版社，2014.

[10]　中华人民共和国住房和城乡建设部. GB 50007—2011 建筑地基基础设计规范 [S]. 北京：中国计划出版社，2012.

[11]　中华人民共和国住房和城乡建设部. GB 55003—2021 建筑与市政地基基础通用规范 [S]. 北京：中国建筑工业出版社，2022.

[12]　中华人民共和国住房和城乡建设部. GB 50108—2008 地工程防水技术规范 [S]. 北京：中国计划出版社，2009.

[13]　中华人民共和国建设部，中华人民共和国国家市场监督管理总局. GB 50038—2005 人民防空地下室设计规范 [S]. 北京：中国建筑工业出版社，2009.

[14] 中华人民共和国建设部，中华人民共和国国家市场监督管理总局 . GB 50368—2005 住宅建筑规范 [S]. 北京：中国建筑工业出版社，2006.

[15] 中华人民共和国住房和城乡建设部 . GB 55015—2021 建筑节能与可再生能源利用通用规范 [S]. 北京：中国建筑工业出版社，2022.

[16] 中华人民共和国住房和城乡建设部 . GB 55007—2021 砌体结构通用规范 [S]. 北京：中国建筑工业出版社，2022.

[17] 中华人民共和国住房和城乡建设部 . GB 50203—2011 砌体结构工程施工质量验收规范 [S]. 北京：中国建筑工业出版社，2012.

[18] 中华人民共和国住房和城乡建设部 . GB 50003—2011 砌体结构设计规范 [S]. 北京：中国计划出版社，2012.

[19] 中华人民共和国住房和城乡建设部 . GB 50924—2014 砌体结构工程施工规范 [S]. 北京：中国建筑工业出版社，2014.

[20] 中华人民共和国住房和城乡建设部 . GB 50574—2010 墙体材料应用统一技术规范 [S]. 北京：中国建筑工业出版社，2011.

[21] 中华人民共和国住房和城乡建设部 . GB 50176—2016 民用建筑热工设计规范 [S]. 北京：中国建筑工业出版社，2017.

[22] 中华人民共和国住房和城乡建设部 . GB 50189—2015 公共建筑节能设计标准 [S]. 北京：中国建筑工业出版社，2015.

[23] 中华人民共和国住房和城乡建设部 . GB 50210—2018 建筑装饰装修工程质量验收标准 [S]. 北京：中国建筑工业出版社，2018.

[24] 中华人民共和国住房和城乡建设部 . 11J930 住宅建筑构造 [S]. 北京：中国计划出版社，2014.

[25] 中华人民共和国住房和城乡建设部 . JGJ/T 14—2011 混凝土小型空心砌块建筑技术规程 [S]. 北京：中国建筑工业出版社，2012.

[26] 中华人民共和国住房和城乡建设部 . JGJ/T350—2015 保温防火复合板应用技术规程 [S]. 北京：中国建筑工业出版社，2015.

[27] 中华人民共和国住房和城乡建设部 . JGJ 289—2012 建筑外墙外保温防火隔离带技术规程 [S]. 北京：中国建筑工业出版社，2013.

[28] 中华人民共和国住房和城乡建设部 . JGJ 144—2019 外墙外保温工程技术标准 [S]. 北京：中国建筑工业出版社，2019.

[29] 中华人民共和国住房和城乡建设部 . GB 55008—2021 混凝土结构通用规范 [S]. 北京：中国建筑工业出版社，2022.

[30] 中华人民共和国住房和城乡建设部 . GB/T 51231—2016 装配式混凝土建筑技术标准 [S]. 北京：中国建筑工业出版社，2017.

[31] 中华人民共和国住房和城乡建设部 . JGJ 1—2014 装配式混凝土结构技术规程 [S]. 北京：中国建筑工业出版社，2014.

[32] 中华人民共和国住房和城乡建设部 . GB 50037—2013 建筑地面设计规范 [S]. 北京：中国计划出版社，2014.

[33] 中华人民共和国住房和城乡建设部 . GB 50010—2010 混凝土结构设计规范（2015 年版）[S]. 北京：中国建筑工业出版社，2011.

[34] 中华人民共和国住房和城乡建设部 . GB 50209—2010 建筑地面工程施工质量验收规范 [S]. 北京：中国计划出版社，2010.

[35] 中华人民共和国住房和城乡建设部 . JG/T 558—2018 楼梯栏杆及扶手 [S]. 北京：中国标准出版社，2018.

[36] 中华人民共和国住房和城乡建设部 . GB 55019—2021 建筑与市政工程无障碍通用规范 [S]. 北京：中国建筑工业出版社，2022.

[37] 中华人民共和国住房和城乡建设部，国家市场监督管理总局 . GB 50345—2012 屋面工程技术规范 [S]. 北京：中国建筑工业出版社，2012.

[38] 中华人民共和国住房和城乡建设部 . GB 5530—2022 建筑与市政工程防水通用规范 [S]. 北京：中国建筑工业出版社，2023.

[39] 中华人民共和国住房和城乡建设部 . GB 50693—2011 坡屋面工程技术规范 [S]. 北京：中国计划出版社，2012.

[40] 中华人民共和国住房和城乡建设部 . CJJ 142—2014 建筑屋面雨水排水系统技术规程 [S]. 北京：中国建筑工业出版社，2014.

[41] 中华人民共和国住房和城乡建设部 . JGJ 155—2013 种植屋面工程技术规程 [S]. 北京：中国建筑工业出版社，2013.

[42] 中华人民共和国住房和城乡建设部 . JGJ 214—2010 铝合金门窗工程技术规范 [S]. 北京：中国建筑工业出版社，2010.

[43] 中华人民共和国住房和城乡建设部 . JGJ 103—2008 塑料门窗工程技术规程 [S]. 北京：中国建筑工业出版社，2008.

[44] 国家市场监督管理总局，国家标准化管理委员会 . GB/T 41334—2022 建筑门窗无障碍技术要求 [S]. 北京：中国标准出版社，2022.

[45] 国家市场监督管理总局，国家标准化管理委员会 . GB/T 5824—2021 建筑门窗洞口尺寸系列 [S]. 北京：中国标准出版社，2021.

[46] 中华人民共和国国家市场监督管理总局，中国国家标准化管理委员会 . GB/T 5823—2008 建筑门窗术语 [S]. 北京：中国标准出版社，2008.

[47] 中华人民共和国建设部，国家市场监督管理总局 . GB 50327—2001 住宅装饰装修工程施工规范 [S]. 北京：中国建筑工业出版社，2001.

[48]　中华人民共和国住房和城乡建设部 . JGJ 3—2010 高层建筑混凝土结构技术规程 [S].
北京：中国建筑工业出版社，2010.

[49]　中华人民共和国住房和城乡建设部，中华人民共和国国家市场监督管理总局 . GB
50011—2010 建筑抗震设计规范（2016 年版）[S]. 北京：中国建筑工业出版社，2010.

[50]　中华人民共和国住房和城乡建设部 . 14J936 变形缝建筑构造 [S]. 北京：中国计划出版
社，2014.

[51]　中华人民共和国住房和城乡建设部 . JG/T 372—2012 建筑变形缝装置 [S]. 北京：中国
标准出版社，2012.

[52]　于颖颖，肖明和 . 房屋建筑构造 [M]. 2 版 . 南京：南京大学出版社，2017.

[53]　曹纬浚，《注册建筑师考试教材》编委会 . 建筑材料与构造（一级注册建筑师考试教
材）[M]. 北京：中国建筑工业出版社，2021.

[54]　肖芳 . 建筑构造 [M]. 3 版 . 北京：北京大学出版社，2021.

[55]　夏玲涛，邬京虹 . 施工图识读 [M]. 北京：高等教育出版社，2017.

[56]　赵研 . 建筑识图与构造 [M]. 北京：中国建筑工业出版社，2006.